U0342696

冶金工业出版社

普通高等教育"十四五"规划教材

高分子化学实验

张 新 陈 非 主编

北 京

冶金工业出版社

2024

内 容 提 要

本书分为基础知识和实验两部分内容。基础知识包括实验室基本常识、实验仪器的使用和维护、高分子化学实验的基本操作和基本技能。实验部分共有 30 个实验，内容涉及逐步聚合、自由基聚合、离子型聚合和开环聚合、高分子化学反应，主要是聚合物合成和高分子材料制备实验，并结合了必要的结构分析和性能测定，其中既有经典的实验，也有一些反映本学科发展前沿的新实验，如新型固相聚合、活性聚合、微乳液聚合、插层聚合合成纳米复合材料等。

本书可作为高分子材料和复合材料相关专业的本科生教材，也可供相关科研人员和技术人员阅读参考。

图书在版编目（CIP）数据

高分子化学实验 / 张新，陈非主编 . -- 北京：冶金工业出版社，2024. 11. --（普通高等教育"十四五"规划教材）. -- ISBN 978-7-5240-0006-8

Ⅰ. O631. 6

中国国家版本馆 CIP 数据核字第 20242NP400 号

高分子化学实验

出版发行	冶金工业出版社	电　　话	(010)64027926
地　　址	北京市东城区嵩祝院北巷 39 号	邮　　编	100009
网　　址	www. mip1953. com	电子信箱	service@ mip1953. com

责任编辑　郭雅欣　美术编辑　吕欣童　版式设计　郑小利
责任校对　梁江凤　责任印制　窦 唯
三河市双峰印刷装订有限公司印刷
2024 年 11 月第 1 版，2024 年 11 月第 1 次印刷
710mm×1000mm 1/16；7. 25 印张；137 千字；107 页
定价 29. 00 元

投稿电话　(010)64027932　投稿信箱　tougao@cnmip. com. cn
营销中心电话　(010)64044283
冶金工业出版社天猫旗舰店　yjgycbs. tmall. com
（本书如有印装质量问题，本社营销中心负责退换）

前　　言

　　高分子化学是一门实验科学，是高分子材料与工程、应用化学及材料化学等专业学习的必修专业基础课程，也是化工、化学等专业的必修或选修课程，在理论学习后，需要进行大量的合成反应实验去了解高分子合成的奥秘，因此高分子化学实验课程是从事高分子化学和相关领域研究的年轻学子必须学习的基础课。

　　本书共五章，第一章详细介绍了高分子化学实验技术基础，主要包括高分子化学实验室安全与防护、聚合反应机理、化学试剂的精制、标准溶液的配制、聚合反应方法、聚合反应温度的控制及聚合反应搅拌等内容；第二至五章分别是逐步聚合反应实验、自由基聚合反应实验、离子型聚合和开环聚合实验、高分子化学反应实验，相应的每个章节选择了经典的代表性实验共计 30 个。所有实验的选取和编排基于高分子材料与工程专业本科教学大纲对高分子化学实验课程的要求，在此基础上进行一些知识的扩展，也是在山东航空学院化工与安全学院高分子材料实验室多年来使用的实验讲义和近年来实验教学经验积累的基础上编写的，在内容及形式上都有了较大的改变。

　　本书由山东航空学院张新、陈非主编，刘燕、钟玲、刘志雷、苏银河等参与了部分工作，全书由张新统稿定稿。

　　编者根据高分子化学实验教学的实际经验，在编写过程中参阅国内外相关教材和文献资料，在此表示诚挚的谢意。

　　由于编者水平所限，书中不足之处，欢迎广大读者批评指正。

编　者

2024 年 3 月

目　录

第一章　高分子化学实验基础

第一节　高分子化学实验室基础知识

高分子化学实验是材料类、化学类、化工类、高分子材料科学与工程等专业必不可少的重要实践教学环节，是专业基础理论与实践相结合的实验课程，是培养学生动手能力、实践能力和创新能力的一门重要课程。其教学目的是培养学生掌握高分子化学实验基本知识、实验基本操作技能及技术，促使学生进一步深入理解和掌握高分子化学基本原理，了解高分子反应机理，系统完整的认识各类聚合反应，熟悉高分子合成的实验途径，掌握高分子结构与性能关系的基本原理，培养学生严谨的科学态度、科学的思维方法及良好的实验习惯，使学生具备扎实的实验操作技能和初步的实验设计能力。

为了能够圆满的完成高分子化学实验，保证实验正常进行，确保实验室安全，避免事故发生，应首先培养良好的实验习惯，加强实验室安全学习，实验者应熟悉并严格遵守实验室规则。

一、高分子化学实验室安全规则

（1）进入实验场所必须穿实验服并佩戴手套等必要防护装备，严禁穿拖鞋进行实验操作，非实验人员严禁随意进出实验室。

（2）熟悉实验室的安全设施和安全防护方法，实验仪器设备的安装和运行要按有关规定和操作规程进行，不得随意私自改装线路。了解和掌握各种灭火器的使用方法，以备必要时可正确使用。

（3）对所用化学试剂必须了解其物性和毒性，正确使用和防护。使用时看清标签，严禁将试剂混合或挪作他用，严禁将药品携带出实验室。实验公用的仪器、试剂使用后要放回原处，遗撒的试剂要及时清理、回收。

（4）实验过程中要认真负责，操作中要仔细，实事求是。实验条件要严格控制，并在实验中仔细思考，未经批准不得擅自离开实验室。实验室要保持安静，严禁打闹与进食。

（5）严禁将所合成的聚合物、不溶的凝胶、废弃的溶剂及杂物等倒入水池，以免造成污染和堵塞下水道，应严格按要求分类回收处理。

（6）爱护仪器设备，凡是损坏或者遗失仪器、工具和设备者，应及时进行登记，如实填写报损单，并按规定予以赔偿。

（7）实验室应保持干净、整洁，实验完毕安排值日生进行清扫。在离开实验室之前，必须仔细检查，断水、断电（除冰箱外），关窗锁门。

二、火灾预防及消防常识

在高分子化学实验中，所用到的多数溶剂具有易燃性，所以防火对于化学实验室是非常重要的。实验中的正确操作可以避免火灾的发生。一旦发生火灾，应沉着冷静，及时采取正确的措施，控制火势蔓延。要熟悉实验室的布局和逃生路线，了解发生火灾的紧急处理方法。常用的灭火器材包括沙箱、灭火毯、灭火器等。其中灭火器的类型主要有二氧化碳灭火器、泡沫灭火器、四氯化碳灭火器、干粉灭火器、酸碱灭火器。

二氧化碳灭火器是化学实验室最常使用、安全性最高的一种灭火器，瓶体内的药液成分是液态的二氧化碳，使用时，一只手提灭火器，另一只手握在二氧化碳喇叭筒的把手上，打开开关，二氧化碳会从筒口喷出。需要注意的是，筒口的温度会随着喷出的二氧化碳气压的降低而骤降，所以手不能握在喇叭筒上，不然会导致手部冻伤。其优点是二氧化碳无毒害，使用后干净无污染。泡沫灭火器由碳酸氢钠和硫酸铝溶液作用产生氢氧化铝和二氧化碳泡沫，灭火时泡沫把燃烧物质包住，使其与空气隔绝而灭火。因泡沫能导电，泡沫灭火器不能用于电器设备着火。泡沫灭火器最大的问题是产生严重的污染，导致火场清理的后续工作烦琐，故一般在较大的火灾现场使用。通常情况下，实验室火灾发生时应遵循以下基本原则：

（1）瓶内溶剂着火或油浴内导热油起火，且火势较小，可立即用石棉网或湿布盖住瓶口，隔氧熄火；若洒在地上或桌面上的少量溶剂着火，可用湿布或黄沙盖住熄火；极少量钠、钾等活泼金属起火可以使用干黄沙灭火，严禁使用水或者四氯化碳灭火器灭火，否则会导致猛烈的爆炸。

（2）实验室中可扑救的火势，一般不用水灭火，应用灭火器，无论是哪种灭火器，都应在一定安全距离内，从火的周围向中间喷射，无法自救的火势要立即逃生到安全处拨打火警电话119。

（3）衣服着火切勿惊慌，不要奔跑，应用湿布盖住着火处，或直接用水冲灭，严重的情况要马上躺在地上打滚熄火。

（4）逃生过程中不要贪恋财物，烟雾较大时应用湿布捂住口鼻，贴地面爬行；不能乘坐电梯，不能轻易从高层跳下；及时呼救并采取一切降温措施以保全性命。

三、化学试剂的使用

正确规范地存放和使用化学试剂是化学实验顺利进行的前提，也是实验室财产和人身安全的重要保证。下面介绍化学试剂存放和使用的基本常识。

（一）药品存放

所有试剂在存放时都应具备明确的标签，包括名称、含量或纯度、生产日期和毒性。一般常用试剂要分类存放，按有机物分成两大类，有机试剂再按照醇、醛、酮、酸、胺、盐类等细分为几类存放；特殊试剂的存放要注意以下几方面原则：

（1）活泼金属必须浸泡在煤油中；

（2）单体、生物试剂等需要在冰箱中存放，并密封好；

（3）引发剂、催化剂等需要在干燥器中避光存放；

（4）易挥发、易升华试剂必须保证密封，并存放在通风处或干燥器内；

（5）易燃的有机物和还原剂不能与强氧化剂放在一起；

（6）惰性气体的压力气瓶不能放在过道，并注意检查气瓶出口是否有泄漏；

（7）可燃性气体和有毒气体必须存放在室外专用的气柜中，并严格管理；

（8）剧毒药品应由专人管理，购买和使用必须严格遵守相关规定。

（二）使用安全

许多化合物对人体都有不同程度的毒害，一切有挥发性的物质，其蒸气经长时间、高浓度与人体接触总是有毒的。随着中毒情况的加深和持续性的影响，会出现急性中毒和慢性中毒。急性中毒是在高浓度、短时间的暴露情况下发生的，并表现出全身的中毒症状；慢性中毒也可在一定条件下发生，但通常是在较低浓度、长时间暴露情况下发生的，毒性侵入人体后发生累积性中毒。急性中毒除造成致命的危险外，一般危险性较低，比慢性中毒容易得到恢复，而且症状明显，容易辨认。但无论是何种中毒情况，对人体都是不利的。

化学试剂使人体中毒的主要途径有吸入、经皮肤接触和经口服三种。支配毒性的最重要因素之一是溶剂的挥发性，高挥发性溶剂在空气中的浓度较高，因此达到致命浓度的可能性就高。低挥发性溶剂相对比较安全，但要注意经皮肤和经口服的中毒。化学试剂的毒性各不相同，在使用时应特别注意了解试剂的毒性，以便正确使用和防护。

对于有毒化学试剂在使用中的防护，应做到了解试剂物性和毒性及必要的防护措施，以便安全存放和使用；实验室应具备必要的防护措施，具有良好的自然通风和通风效果达标的通风柜，试剂的称量和进行有机化学反应时应尽量在通风柜中进行，尽量减少接触有毒化学物质的蒸气；养成良好的药品使用习惯，应避免有毒化学物质接触五官或伤口，使用化学试剂要戴橡胶手套和防护眼镜，必要时佩戴防毒面具。

正确规范的使用是安全的重要保证。如不使用明火直接加热有机溶剂，做有加热的实验时要根据反应温度加装冷凝管，切不可将整个装置处于密闭状态进行反应；常压蒸馏时装置也不可完全密闭，蒸馏低沸点易燃溶剂时，支管处可用橡胶管接到窗外或吸收剂中，切勿忘记打开冷凝水；做任何回流实验时不要忘记加入沸石或安装其他安全装置。使用易燃易爆气体或有毒气体应保证气体管路无泄漏，并避免任何火星产生。实验室中的煤气管路要经常检查有无泄漏，煤气灯和连接橡胶管在使用前也要检查，及时更换老化的橡胶管；使用时发现有泄漏情况应首先关闭气瓶总阀，立即熄灭室内所有火源，关闭高温设备，开窗通风。大量泄漏事故要首先自救，并通知火警。

四、实验室安全用电

高分子化学实验过程中需要用到各种电气设备、实验仪器等，使用不当容易发生人身伤亡事故，因此使用时应该严格按照以下安全用电规则，确保安全用电。

（1）用电安全的基本要素有：电气绝缘良好、保证安全距离、线路与插座容量和设备功率相适应、不使用"三无"产品。

（2）实验室内电气设备及线路设施必须严格按照安全用电规程和设备要求实施，不许乱接、乱拉电线，墙上电源未经允许，不得拆装、改线。

（3）当实验室同时使用多种电气设备时，其总用电量和分线用电量均应小于设计容量。连接在接线板上的用电总负荷不能超过接线板的最大容量。

（4）实验室内应使用空气开关并配备必要的漏电保护器；电气设备和大型仪器须接地良好，对电线老化等隐患要定期检查并及时排除。

（5）不得使用闸刀开关、木质配电板和双绞线。

（6）接线板不能直接放在地面，不能多个接线板串联。

（7）电源插座需固定；不使用损坏的电源插座；空调应有专门的插座。

（8）实验室用电注意事项如下：

1）实验前先检查用电设备，再接通电源；实验结束后，先关仪器设备，再关闭电源；

2）工作人员离开实验室或遇突然断电，应关闭电源，尤其要关闭加热电器的电源开关；

3）不得将供电线任意放在通道上，以免因绝缘破损造成短路。

（9）在电气类开放性实验或科研实验室，必须两人以上方可开展实验。

（10）电气设备在未验明无电时，一律认为有电，不能盲目触及。

（11）切勿带电源拔、接电气线路。

（12）在进行电子线路板焊接后的剪脚工序时，剪脚面应背离身体特别是脸部，防止被剪下引脚弹伤。

（13）高压电容器实验结束后或闲置时，应串接合适电阻进行放电。

（14）在需要带电操作的低电压电路实验时，单手操作比双手操作安全。

（15）使用电容器时，应注意电容的极性和耐压，当电容电压高于电容耐压时，会引起电容器爆裂而伤害到人。

（16）使用电烙铁时不能乱用焊锡；用完应及时放回烙铁架并切断电源；周围不得放置易燃物品。

（17）电炉、烘箱等用电设备在使用中，使用人员不得离开。

（18）实验室禁止使用电热水壶、热得快。

（19）电脑、空调、饮水机不得在无人情况下开机过夜。

（20）实验室的电源总闸要每天离开时都关闭。

（21）配电源、开关、变压器等各种电气设备附近不得堆放易燃、易爆、潮湿和其他影响操作的物件。

（22）为了预防电击（触电），电气设备的金属外壳须接地。

（23）预防电气火灾的基本措施如下：

1）禁止非电工改接电气线路，禁止乱接临时用电线路；

2）做电气类实验时应该两人及以上在场；

3）工作现场应清除易燃易爆材料。

五、"三废"的处理

在化学实验中经常会产生有毒的废气、废液和废渣，若随意丢弃不仅污染环境、危害健康，还可能造成浪费。正确处理"三废"是每个人都应该具备的环保意识和知识。

（一）废气处理

实验中如产生有毒有害气体，应在通风橱中进行操作，并加装气体接收装置。如产生二氧化硫等酸性气体，可通入氢氧化钠水溶液吸收；碱性气体用酸溶液吸收。还要注意，一些有害的化合物由于沸点低，反应中来不及冷却以气体排出，应将其通入吸收装置，还可加装冷阱。

（二）废液处理

（1）一般的废溶剂要分类倒入回收瓶中，废酸、废碱要分开放置，有机废溶剂分为含卤素有机废液和不含卤素有机废液，应由专业回收有机废液的单位进行处理。

（2）切记不可将乳液倒入下水道。无论是小分子乳液还是聚合物乳液，都可能会污染水质或破乳沉淀堵塞下水管道。正确的处理方法是将乳液破乳后分离出有机物再进一步处理。

（三）固体废弃物处理

（1）任何固体废弃物都不能随意丢弃，必须放入实验室指定的统一回收固体垃圾桶中，然后由实验室统一管理处理。

（2）无机重金属化合物严禁随意丢弃，应进一步处理后作为废液交专业回收单位处理。含镉、铅的废液加入碱性试剂使其转化为氢氧化物沉淀；含+6价铬化合物要先加入还原剂还原为+3价铬，再加入碱性试剂使其沉淀；含氰化物废液可加入硫酸亚铁使其沉淀；含少量汞、砷的废液可加入硫化钠使其沉淀。

（3）不能将反应剩余的活泼金属（不要认为表面氧化的剩余金属不危险）倒入水池，以免引起火灾。废金属也不可随便掩埋，可向有废金属的烧瓶中缓慢滴加乙醇，直到金属反应完毕。此期间产生的废液仍应作为有机废液处理。

（4）无毒的聚合物尽量回收，直接丢弃会因难以降解而造成白色污染；有一定流动性的聚合物切记不能直接倒入下水道，以免堵塞；自己合成的聚合物需保留的要标明成分，不需保留的应及时处理。

第二节　聚 合 机 理

一、概述

高分子化学实验是一门高分子合成及其反应和聚合物性能研究的实验性科学。由低分子单体合成高分子聚合物的反应称为聚合反应。聚合物的反应机理是高分子合成的核心内容，学好聚合机理有助于从事高分子科研和学习人员更好地掌握高分子材料的合成、精制、表征等方法，也能更好地为人类的生产生活服务。1929年，Carothers借用有机化学中加成反应和缩合反应的概念，根据单体和聚合物之间的组成差异，将缩合反应分为加聚反应和缩聚反应。单体通过相互加成而形成聚合物的反应称为加聚反应。加聚物具有重复单元和单体分子式结构（原子种类和数目）相同，仅是电子结构（化学键方向和类型）有变化，聚合物相对分子质量是单体相对分子质量整数倍的特点。带有多个可相互反应的官能团的单体通过有机化学中各种缩合反应消去某些小分子而形成聚合物的反应称为缩聚反应。1951年，Flory从聚合反应的机理和动力学角度出发，将聚合反应分为链式聚合和逐步聚合。链式聚合（也称为连锁聚合）需先形成活性中心 R^*，活性中心可以是自由基、阳（正）离子、阴（负）离子。聚合反应中存在诸如链引发、链增长、链转移、链终止等基元反应，各基元反应的反应速率和活化能差别很大。如果进一步划分，链式聚合又可按活性中心分为自由基聚合、阳离子聚合、阴离子聚合。而逐步聚合可按动力学分为平衡缩聚和不平衡缩聚，如按大分子链结构又可分为线形缩聚和体形缩聚等。Flory的分类方法由于涉及聚合反应本质，得到了人们的关注。尽管按照聚合反应机理进行分类有时也有不够明确的地方，但时至今日，对于新的聚合反应，科学家们仍然习惯从聚合反应历程进行分类，如活性聚合、开环聚合、异构化聚合、基团转移聚合等。当然，现在许多新的聚合反应虽然仍可归为某类传统的聚合类型，但其特征已有了明显不同。

二、逐步聚合

逐步聚合的特点是由一系列单体上所带的能相互反应的官能团间的有机反应所组成，在反应过程中，相互反应的官能团形成小分子而游离于大分子链之外，而单体上相互不反应的部分连在一起形成大分子链。利用这一特性，可以很方便地进行分子设计，即把目标产物分解为一个个的基本单元，在每个单元接上可相互反应的活性基团形成单体，再使单体相互反应即可得到目标产物。逐步聚合的另一特点是反应的逐步性，一方面由于反应的活化能高，体系中一般要加入催化剂；另一方面由于每一步反应都为平衡反应，因此影响平衡转移的因素都会影响逐步聚合反应。从产物的分子链结构来看，逐步聚合可分为线形逐步聚合与体形逐步聚合两大类。

（一）线形逐步聚合

参加聚合反应的单体都只带有两个可相互反应的官能团，在聚合过程中，大分子链呈现线形增长，最终得到的聚合物为可溶、可熔的线形结构。如按反应的历程来看，线形大致有缩合聚合、逐步加聚、氧化偶联聚合、加成缩合聚合、分解缩聚等。线形逐步聚合实质上是反应官能团间的反应，从有机化学的角度看，为一系列的平衡反应。对于平衡常数大的线形逐步聚合，整个聚合在达到所需相对分子质量时反应还未达平衡，这样的缩聚称为不平衡逐步聚合；反之，称为平衡逐步聚合。对于平衡缩聚，先要通过排出小分子的办法使平衡往生成聚合物的方向移动，以得到所需相对分子质量的聚合物。

对于不平衡逐步聚合，产物相对分子质量的控制主要是通过对单体配比的控制来实现。在实际生产中，往往通过让某一种官能团过量的方法，使最终产物分子链端的官能团失去进一步反应的能力，以保证在随后的加工、使用过程中聚合物相对分子质量的稳定。目前，通过有目的地改造单体结构，使一些平衡逐步聚合转化为不平衡逐步聚合，以实现所谓的活性化逐步聚合。采用的主要方法有提高单体反应活性，如用含有酰氯、二异氰酸酯基的单体，使参与反应的一种原料不进入聚合物结构，以减少逆反应，在反应中形成更稳定的结构等。

（二）体形逐步聚合

参加聚合的单体中至少有一种含有两个以上可反应的官能团，在反应过程中，分子链从多个方向进行增长，形成支化和交联的体形聚合物。为保证聚合反应正常进行，体形缩聚一般分为两步或三步进行。第一步聚合形成线形或支化的相对分子质量较低的预聚物，再进一步反应形成体形聚合物。从预聚物上具有的可进一步反应的官能团的数目、种类、位置等因素看，如上述因素均比较确定，则称为结构预聚物；反之，则称为无规预聚物。体形缩聚的一个关键是在聚合阶段控制反应停止于预聚物，以防止凝胶的生成，在成形过程中，进一步反应成体形缩聚物。

三、连锁聚合

连锁聚合的一个重要特点是存在活性中心 R^*，它一般是通过加入引发剂（或催化剂）产生的。依活性中心的不同，连锁聚合可以进一步划分为自由基聚合、阴（负）离子聚合、阳（正）离子聚合、配位聚合和开环聚合。

（一）自由基聚合

烯类单体的自由基聚合反应一般由链引发、链增长、链终止等基元反应组成。此外，还可能伴有链转移反应。

链引发反应是形成单体自由基活性种的反应。用引发剂引发时，由下列两步组成：第一步是引发剂 I 分解，形成初级自由基 R^*；第二步是初级自由基与单体加成，形成单体自由基。单体自由基形成以后，继续与其他单体加聚使链增长。比较上述两步反应，引发剂分解是吸热反应，活化能高，为 $105 \sim 150$ kJ/mol，反应速率小。初级自由基与单体结合成单体自由基这一步是放热反应，活化能低，为 $20 \sim 34$ kJ/mol，反应速率大，与后继的链增长反应相似。但链引发必须包括这一步，因为一些副反应可以使初级自由基不参与单体自由基的形成，也就无法继续链增长。有些单体可以用热、光、辐射等能源来直接引发聚合。这方面的研究工作不少，如苯乙烯热聚合已工业化；紫外光固化涂料也已大规模使用。

在链引发阶段形成的单体自由基仍具有活性，能打开第二个烯类分子的 π 键，形成新的自由基。新自由基活性并不衰减，可继续和其他单体分子结合成单元更多的链自由基，这个过程称为链增长反应，实际上是加成反应。链增长反应有两个特征：一是放热反应，烯类单体聚合热为 $55 \sim 95$ kJ/mol；二是增长活化能低，为 $20 \sim 34$ kJ/mol，增长速率极高，在 0.01 s 至几秒内聚合度便达到数千，甚至上万。这样高的速率是难以控制的，单体自由基一经形成以后，立刻与其他单体分子加成，增长成活性链，而后终止成大分子。因此，聚合体系内往往由单体和聚合物两部分组成，不存在聚合度递增的一系列中间产物。

对于链增长反应，除了应注意速率问题，还须研究对大分子微观结构的影响。在链增长反应中，结构单元间的结合可能存在"头—尾"和"头—头"或"尾—尾"两种形式。经实验证明，主要以"头—尾"形式连接，这一结果可由电子效应和空间位阻效应得到解释。对一些取代基共轭效应和空间位阻都较小的单体聚合时"头—头"结构会稍高，如醋酸乙烯酯、偏二氟乙烯等。聚合温度升高时，"头—头"形式结构将增多。

　　链终止反应是由于自由基活性高，有相互作用而终止的倾向。终止反应有偶合终止和歧化终止两种方式。两链自由基的独电子相互结合成共价键的终止反应称为偶合终止，偶合终止的结果是大分子的聚合度为链自由基重复单元数的两倍。用引发剂引发并无链转移时，大分子两端均为引发剂残基。某链自由基夺取另一自由基的氢原子或其他原子的终止反应称为歧化终止。当歧化终止结果，聚合度与链自由基中单元数相同，每个大分子只有一端为引发剂残基，另一端为饱和或不饱和，两者各半。

　　但是，在聚合产物不溶于单体或溶剂的非均相聚合体系中，聚合过程的聚合产物从体系中沉析出来，链自由基被包藏在聚合物沉淀中，使双基终止成为不可能，而表现为单分子链终止。此外，链自由基与体系中破坏性链转移剂反应生成引发活性很低的新自由基，使聚合反应难以继续，也属单分子链终止。工业生产时，活性链还可能被反应器壁金属自由电子所终止。

　　链终止活化能很低，只有 $8\sim21$ kJ/mol，甚至为零，因此终止速率常数极高，但双基终止受扩散控制。链终止和链增长是一对竞争反应，将一对活性链的双基终止和活性链–单体的增长反应比较，终止速率显然远大于增长速率。但从整个聚合体系宏观来看，因为反应速率还与反应物质浓度成正比，而单体浓度（$1\sim10$ mol/L）远大于自由基浓度（$10^{-9}\sim10^{-7}$ mol/L），所以增长速率要比终止速率大得多，否则，将不可能形成长链自由基和聚合物。

　　任何自由基聚合都包括链引发、链增长、链终止三步基元反应，其中引发速率最小，成为控制整个聚合速率的关键。

　　在自由基聚合过程中，链自由基有可能从单体、溶剂、引发剂等低分子或大分子上夺取一个原子而终止，并使这些失去原子的分子成为自由基，继续新链的增长，使聚合反应继续进行下去，这一反应称为链转移反应。增长链自由基向低分子转移使聚合物分子量降低，链自由基也有可能从大分子上夺取原子而转移。向大分子转移一般发生在叔氢原子或氯原子上，使叔碳原子带上独电子形成大分子自由基，单体在其上进一步增长，形成支链。

　　自由基向某些物质转移后形成稳定的自由基，不能再引发单体聚合，最后只能与其他自由基双基终止，结果是初期无聚合物形成，出现了所谓"诱导期"，这种现象称为阻聚作用，具有阻聚作用的物质称为阻聚剂，如苯醌等。阻聚反应并不是聚合的基元反应，但颇重要。

　　（二）阴离子聚合

　　活性中心是阴离子的连锁聚合称为阴离子聚合。适合阴离子聚合的单体主要有3种：

　　（1）较强吸电子取代基的烯类化合物，如丙烯酸酯类、丙烯腈、偏二腈基乙烯、硝基乙烯等；

（2）π-π 共轭结构的化合物，如苯乙烯、丁二烯、异戊二烯等，这类单体由于共轭作用而使活性中心稳定；

（3）杂环化合物，如环氧乙烷、环氧丙烷等。

阴离子聚合在一定条件下可实现无终止的活性计量聚合，即反应体系中所有活性中心同步开始链增长，不发生链终止、链转移等反应，活性中心长时间保持活性，这是阴离子聚合较其他常规聚合最明显的优点。阴离子聚合是目前实现高分子设计合成的最有效手段，如可得到相对分子质量分布较窄的聚合物，可通过连续投料得到嵌段共聚物，也可通过聚合结束后的端基反应制备遥爪聚合物等。阴离子聚合引发剂主要是亲核试剂，包括碱金属、有机金属化合物等，各类引发剂的活性差别较大，选择时注意单体与引发剂的匹配。

阴离子聚合多采用溶液聚合，所用溶剂一般为烷烃、芳烃，如正己烷、环己烷、苯等。由于活性中心极易与活泼氢等反应而失去活性，因此对聚合装置和参与反应各组分要求严格，需高度净化，完全隔绝和除去空气、水分等杂质，加上活性中心以多种离子对平衡的形式存在，因而影响阴离子聚合因素多，聚合工艺比自由基聚合相应要复杂得多。此外，溶剂的性质对活性中心及反离子的结合形式存在重要的影响，不仅影响单体的聚合速度，聚合物的立体构型有时也受影响，条件适当时可以得到立体规整的聚合物。

（三）阳离子聚合

活性中心是阳离子的连锁聚合称为阳离子聚合。阳离子聚合的特点是快引发、快增长、易转移、难终止。由于反应活化能低，链转移严重，因此阳离子聚合多采用低温聚合（如聚异丁烯需在-100 ℃进行聚合），以得到高相对分子质量的聚合物，所以除少数只能进行阳离子聚合的单体，如异丁烯、烷基乙烯基醚等，一般不采用阳离子聚合。

阳离子聚合引发剂主要有 Lewis 酸（路易斯酸，多用于高相对分子质量聚合物合成）和质子酸。阳离子聚合多采用溶液聚合，溶剂一般为极性溶剂，如卤代烷烃。其他方面与阴离子聚合类似，聚合工艺控制复杂。

（四）配位聚合

配位聚合是指单体分子的碳—碳双键先在过渡金属催化剂活性中心的空位上配位，形成某种形式的络合物，随后单体分子相继插入过渡金属—碳键中进行增长，因此又称为络合聚合。配位聚合应用最广的是烯烃配位聚合，烯烃配位聚合在过去几十年里取得了突飞猛进的发展，在催化剂、聚合方法、聚合工艺方面都有重大突破。最初，烯烃聚合采取的是自由基聚合方式，采用这一机理需要高压反应条件，并且反应过程中存在着多种链转移反应，导致大量支化产物产生。对于聚丙烯，问题尤为严重，无法合成高聚合度的聚丙烯。20 世纪 50 年代，德国化学家卡尔·齐格勒（Karl Ziegler）和意大利化学家居里奥·纳塔（Giulio

Natta）发明了用于烯烃聚合的催化剂，即 Ziegler-Natta 催化剂（Z-N 催化剂），开拓了定向聚合的新领域，使合成高规整度的聚烯烃成为可能。

烯烃配位聚合的核心是催化剂。经过不断发展，到目前为止，配位聚合的催化剂已经历了几个不同的发展阶段。催化剂的活性已经发生了天翻地覆的变化，催化效果增加达上万倍，若按过渡金属计已达到数百万倍，聚丙烯的等规度已达 98% 以上，生产工艺也得到了简化，成本得到了显著降低。

（五）开环聚合

环状单体在聚合过程中通过不断地开环反应形成高聚物的过程称为开环聚合。能够进行开环聚合的单体很多，如环状烯烃及内酯、内酰胺、环硅氧烷等环内含有一个或多个杂原子的杂环化合物。

环单体的聚合活性由热力学因素和动力学因素共同决定。其中热力学因素是指环单体和相应线形聚合物的相对稳定性，它与环大小、成环原子和环的取代基相关。在稳定性方面来说，环烷烃进行开环聚合的热力学可行性顺序为三元环、四元环>八元环>五元环，七元环>六元环。从环的取代基方面看，取代基的引入使聚合热增加、熵变增加，总体使开环聚合可能性降低。此外多环单体的环张力对比于单环单体会有所增加，使开环聚合可能性增加。如 8-氧杂[4，3，0]环壬烷，是反式的可开环聚合。

动力学因素是指环烷烃没有易受活性种攻击的键，动力学上仅环丙烷衍生物可进行开环聚合，并且仅能得到低聚物，如环醚、内酯、内酰胺等环单体因有亲核或亲电子部位易开环聚合。

开环聚合的引发剂为烯烃进行离子型聚合所用的引发剂，引发反应包括初级活性种的形成和单体活性种的形成。开环聚合既具有某些加成聚合的特征，也具有缩合聚合的特征。开环聚合从表面上看，也存在链引发、链增长、链终止等基元反应；在增长阶段，单体只与增长链反应，这一点与连锁聚合相似。但开环聚合也具有逐步聚合的特征，即在聚合过程中，聚合物的平均相对分子质量随聚合的进行而增长。区分逐步聚合和连锁聚合的主要标志是聚合物的平均相对分子质量随聚合时间的变化情况。逐步聚合中，平均相对分子质量随聚合反应的进行增长缓慢；而连锁聚合的整个过程中都有高聚物生成，聚合体系中只存在高聚物、单体及少量的增长链，单体只能与增长链反应。大多数的开环聚合为逐步聚合，也有些是完全的连锁聚合。开环聚合大多为离子型聚合，如增长链存在离子对，反应速率受溶剂的影响等，许多开环聚合还具有活性聚合的特征。开环聚合与缩聚反应相比，还具有聚合条件温和、能够自动保持官能团等物质的特点，因此开环聚合所得聚合物的平均相对分子质量通常要比缩聚物高得多；另外，开环聚合可供选择的单体比缩聚反应少，加上有些环状单体合成困难，因此由开环聚合所得到的聚合物品种受到限制。

四、共聚合

在链式聚合中，由两种或者两种以上的单体共同参与聚合的反应称为共聚合，产物称为共聚物。在逐步聚合中，将带有不同且可相互反应的单体自身的反应称为均缩聚，将两种带有不同官能团的单体共同参与的反应称为混缩聚。在均缩聚中加入第二种单体或在混缩聚中加入第三甚至第四单体进行的缩聚反应称为共缩聚。根据聚合反应的类型将共聚反应分为逐步共聚、自由基共聚、阳离子共聚和阴离子共聚等；还可以根据共聚物的结构来分类。

对于共聚反应而言，除需要了解共聚物的组成，还需要知道不同重复结构单元在分子链中的分布情况，由此可以将共聚物分为：

（1）无规共聚物。无规共聚物为不同重复结构单元在高分子链中无规则排列。

（2）交替共聚物。对于二元共聚而言，两种重复结构单元相间排列在高分子链中为交替共聚物。

（3）嵌段共聚物。不同重复结构单元形成一定长度的链段，这些链段通过化学键连接而形成聚合物分子。

（4）接枝共聚物。接枝共聚物为支化聚合物，主链和支链分别由不同重复结构单元构成。

通过共聚合可以有效改善聚合物某些性能方面的不足，扩大产品的应用范围。

共聚组成是决定共聚物性能的主要因素之一。不同单体进行共聚反应时，由于单体间的反应能力有很大差别，导致共聚行为相差很大。习惯上多用两共聚单体的竞聚率来判断其活性大小，竞聚率 r 是均聚和共聚链增长反应速率常数之比，r 值越大，该单体越易均聚；反之，易共聚。

单体竞聚率的大小主要取决于单体本身结构。取代基对单体和自由基相对活性的影响主要为共轭效应、极性效应和位阻效应。共轭单体的活性比非共轭单体的活性大；非共轭自由基的活性比共轭自由基的活性大，单体活性次序与自由基活性次序相反，且取代基对自由基反应活性的影响比对单体反应活性的影响要大得多，在共轭作用相似的单体之间易发生共聚反应。当两种单体能形成相似的共轭稳定自由基时，给电子单体与受电子单体之间易发生共聚反应，单体的极性相差越大，越有利于交替共聚；反之，有利于理想共聚。当单体的取代基体积大或数量多时，空间位阻不可忽视。

与自由基共聚相比，离子型共聚有如下特点：

（1）对单体有较高的选择性，有供电子基团的单体易于进行阳离子共聚，有吸电子基团的单体易于进行阴离子共聚，因此能进行离子型共聚的单体比自由基共聚的要少得多；

（2）在自由基共聚体系中，共轭效应对单体活性有很大的影响，共轭作用大的单体活性大，在离子型共聚中，极性效应起着主导作用，极性大的单体活性大；

（3）在自由基共聚时，聚合反应速率和相应自由基活性一致，在离子型共聚时，聚合反应速率和单体活性一致；

（4）自由基共聚体系中，单体极性差别大时易交替共聚，在离子型共聚体系中，单体极性差别大时则不易共聚；

（5）自由基共聚时，竞聚率不受引发方式和引发剂种类的影响，也很少受溶剂的影响，在离子型共聚时，活性中心的活性对这些因素的变化十分敏感。因此同一对单体用不同机理共聚时，由于竞聚率有很大差别，相应的共聚行为和共聚组成也会有很大不同。

五、活性/可控自由基聚合反应

1956年，美国科学家Szwarc等人提出活性聚合的概念，活性聚合具有无终止、无转移、引发速率远大于链增长速率等特点，与传统自由基聚合相比能更好地实现对分子结构的控制，是实现分子设计，合成具有特定结构和性能聚合物的重要手段。但离子活性聚合反应条件比较苛刻，适用单体较少，且只能在非水介质中进行，导致工业化成本居高不下，较难广泛实现工业化。鉴于活性聚合和自由基聚合各自的优缺点，高分子合成化学家们联想到将两者结合，即可控活性自由基聚合（CRP）或活性可控自由基聚合，CRP可以合成具有新型拓扑结构的聚合物、不同成分的聚合物及在高分子或各种化合物的不同部分链接官能团，适用单体较多，产物的应用较广，工业化成本较低。

活性/可控自由基聚合是指在聚合体系中引入一种特殊的化合物，它与活性种链自由基进行可逆的链终止或链转移反应，使其失活变成无增长活性的休眠种，而此休眠种在实验条件下又可分裂成链自由基活性，这样便建立了活性种与休眠种的快速动态平衡。它的优点在于可控制聚合物的分子量，获得更窄的分子量分布（相同的链长）、端基官能化、立体结构（梳型、星型高分子）、嵌段共聚物、接枝共聚物等。活性自由基聚合自20世纪90年代逐渐发展分化为三种可控活性自由基聚合，包括氮氧自由基聚合（NMRP）、可逆加成-断裂链转移聚合法（RAFT）和原子转移自由基聚合（ATRP）。

六、大分子反应

聚合物的化学反应种类很多。一种分类方法是按聚合物在发生反应时聚合度及功能基的变化分类，将聚合物的反应分为聚合物的相似转变、聚合度变大的反应和聚合度变小的反应。聚合物的相似转变是指反应仅限于侧基和（或）端基，而聚合度基本不变。聚合度变大的反应是指反应中聚合物的相对分子质量有显著上升，如交联、接枝、嵌段、扩链反应等。聚合度变小的反应则指反应过程中聚合物的相对分子质量显著降低，如降解、解聚等反应。有机小分子的许多反应，如加成、取代、环化等在聚合物中同样也可进行。与小分子间反应的一个明显不同之处是聚合物的相对分子质量大，因而存在反应不完全、产物多样化等现象，产生原因有扩散因素、溶解度因素、结晶度因素、概率效应、邻位基团效应。近年来聚合物的化学反应发展十分迅速，许多功能高分子都是通过先合成出基础聚合物，再通过进一步的聚合物化学反应实现。

第三节　高分子化学实验的基本操作

　　高分子化学是一门实验性很强的学科，作为基本技能的训练，高分子化学实验是高分子教学的重要环节。高分子化学与有机化学有着密切的关系，许多高分子合成反应都是在有机合成反应的基础上建立和发展起来的，因此，高分子化学实验技术也是建立在有机化学实验技术的基础之上，许多基本操作都有共同之处，但是高分子合成毕竟不同于有机合成，对反应的实施与控制有自己的特点，对仪器设备要求也有所不同，因此有必要进行专门的高分子化学实验技能训练。在进行专门的高分子合成技术论述前，有必要简要地介绍高分子化学实验中一些常用的基础技术。

一、化学试剂的精制

（一）蒸馏

　　蒸馏是提纯化合物和分离混合物的一种十分重要的方法。高分子化学实验中经常会用到蒸馏的场合是单体的精制、溶剂的提纯及聚合物溶液的浓缩等，根据被蒸馏物的沸点和实验的需要，可使用不同的蒸馏方法。

1. 普通蒸馏

　　普通蒸馏在高分子化学实验中一般用于溶剂的提纯，被蒸馏物的沸点不仅与外界力有关，还与其纯度有关。蒸馏装置由烧瓶、蒸馏头、温度计、冷凝管、接收管和收集瓶组成（见图1-1），切记整套装置不可完全密闭，必须使尾接管支管与大气相通。在蒸馏操作时，特别要注意液体沸腾过程是围绕汽化中心进行的，如果液体中几乎不存在空气，烧瓶壁又十分洁净光滑，很难形成汽化中心，就会发生过热现象，进而出现暴沸，不仅危险，也失去了蒸馏的意义。为了防止液体暴沸，需要加入少量的沸石，磁力搅拌也可以起到相同的效果。在任何情况下，切勿将助沸物加到已受热并可能沸腾的液体中，这样很容易导致暴沸，应待被蒸馏液体冷却下来再加。蒸馏时还要注意蒸馏速度不可过快，尤其在液体即将沸腾的时候，要减小加热量使其平稳地馏出，此后再调节加热设备，控制馏出速度在每秒1~2滴为宜。蒸馏速度过快，沸腾比较剧烈，有可能会将被蒸馏液体中的一些其他组分杂质带出，进而影响接收馏分的纯度。此外，在使用蒸馏操作分离混合物时，要注意被分离组分之间的沸点差应在30 ℃以上时，应用此方法才能达到分离效果。

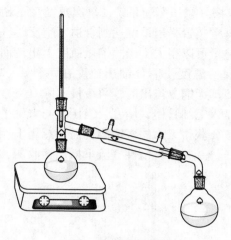

图1-1　普通蒸馏装置

2. 分馏

如果要分离的混合物各组分间沸点比较接近，用简单蒸馏难以分离，可以使用分馏柱进行分离，称为分馏。分馏装置就是在普通蒸馏装置中的蒸馏头和烧瓶之间加上分馏柱，分馏柱的基本原理是利用气液平衡，相当于进行多次的简单蒸馏以达到分离的目的。因此分馏柱的选择就相当重要，通常分馏柱越长或者分馏柱内装有可供气液接触的填料时，分馏效果越好。分馏要缓慢进行，不可过快，在分馏过程中，通常会在分馏柱外加一层保温材料，以减少分馏柱的热量损失。

3. 减压蒸馏

减压蒸馏特别适用于在常压蒸馏时未达沸点即已受热分解、氧化或聚合的液体的分离提纯。在高分子化学实验中，常用的烯类单体沸点比较高，如苯乙烯的沸点为145 ℃、甲基丙烯酸甲酯为100.5 ℃、丙烯酸丁酯为145 ℃，这些单体在较高温度下容易发生热聚合，因此不宜进行常压蒸馏。高沸点溶剂的常压蒸馏也很困难，要耗费较多能源，而减压后溶剂的沸点下降，可以在较低的温度下得到馏分。在缩聚反应过程中，为了提高反应程度，加快聚合反应进行，需要将反应产生的小分子产物从反应体系中脱除，减压脱除小分子避免了聚合物在高温下长时间受热而氧化发黄甚至分解。被蒸馏物的沸点不同，对减压蒸馏的真空度要求也各异。实际操作中可按需要配置不同的真空设备，如较低真空度（1~100 kPa）可使用水泵，较高真空度（小于1 kPa）必须使用油泵。

减压蒸馏装置（见图1-2）在大多数情况下使用克氏蒸馏头，直口处加装一个毛细管插入液面鼓泡提供沸腾的汽化中心，防止液体暴沸。对于阴离子聚合等使用的单体蒸馏时，要求绝对无水，因此毛细管上口要通入干燥的高纯氮气或氩气，或不使用鼓泡装置，改用磁力搅拌并提高磁力搅拌速度来解决。在做减压蒸馏实验时应按上述要求搭好减压蒸馏系统，每次蒸馏量不超过蒸馏瓶容积的1/2。蒸馏开始时，先启动真空装置，当系统达到合适真空度时，再开始对待蒸馏液体进行加热，开始的加热量可以稍大，当蒸馏瓶瓶壁上出现回流迹象时，立即减小加热量，防止暴沸。保持温度使馏分馏出速度在每秒1~2滴为宜。蒸馏完毕，先移去热源，待液体冷却无馏分流出时，再缓慢解除真空，同时调节毛细管进气量，防止被蒸馏液体压入毛细管使其堵塞。当压力与大气平衡时方可断开真空泵电源，拆除蒸馏装置。要获得无水的蒸馏物仍需注意用干燥惰性气体由毛细管通入体系，直到恢复常压，并在干燥惰性气流下撤离接收瓶，迅速密封。

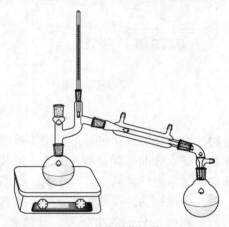

图1-2 减压蒸馏装置

4. 水蒸气蒸馏

水蒸气蒸馏也是分离提纯有机化合物的常用方法之一，可用水蒸气蒸馏提纯的有机化合物必须具备以下条件：（1）不溶于水；（2）在100 ℃左右与水长时间共存不会发生化学变化；（3）在100 ℃左右必须具有一定的蒸气压（不小于10 mmHg，1 mmHg = 133.322 Pa）。水蒸气蒸馏的优势在于当被分离的产物中存在大量黏度较大的脂状或焦油状物时，其分离效果较一般蒸馏或重结晶好。在高分子化学实验中，不常使用水蒸气蒸馏，但在聚合物裂解和提纯中，尤其是带有一定黏度的聚合物提纯，符合上述条件的可以使用水蒸气蒸馏。与常规蒸馏不同的是，水蒸气蒸馏需要一个水蒸气发生装置，并以水蒸气作为热源，被蒸馏物与水蒸气形成共沸气体，并经冷凝、静置分层后得到被蒸馏物。图1-3为简易水蒸气发生和蒸馏装置。在进行水蒸气蒸馏时，先将预分离的混合物置于蒸馏烧瓶中，加热水蒸气发生器，至水沸腾时将通气螺旋夹夹紧，水蒸气即通入蒸馏烧瓶，此时注意调节水蒸气发生器的加热量不要太大，以免通入蒸馏烧瓶的水蒸气过多而使被蒸的混合物冲入冷凝管中。如果随水蒸气蒸出的物质在室温时是固体，容易在冷凝管析出，应考虑使用空气作为冷却介质；如果已经析出固体并将冷凝管堵塞，则需打开通气螺旋夹，用热吹风机将固体熔化流出后，再关闭通气螺旋夹，继续水蒸气蒸馏。水蒸气蒸馏需中断或结束时，要先打开通气螺旋夹，然后再停止加热，以免蒸馏烧瓶中的液体倒吸入水蒸气发生器。

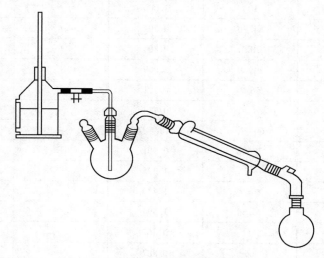

图 1-3　水蒸气发生和蒸馏装置

（二）重结晶

提纯固体化合物最常用的方法之一就是用适当的溶剂进行重结晶。在高分子化学实验中，固体反应物和催化剂、引发剂等都需要用重结晶的方法提纯。固体有机化合物在溶剂中的溶解度和温度有密切的关系，一般是温度升高溶解度增大。若把固体粗产物溶解在热的溶剂中使之饱和，冷却时由于溶解度降低，溶液变成过饱和而析出晶体，过滤收集到的晶体要比原来的粗产品纯净，这就是重结晶。重结晶一般适用于纯化杂质含量在 5% 以下的固体有机化合物。杂质含量多，会影响结晶生成的速度，有时变成油状物而难以析出结晶，或在溶剂中溶解量大大低于饱和值，或经过重结晶后得到的固体有机化合物仍有杂质，需经过多步结晶才能提纯。这时可以用其他方法如萃取、水蒸气蒸馏等先将粗产物初步提纯，然后再用重结晶纯化。

进行重结晶的第一个关键问题是选择合适的溶剂，应具备下述条件。

（1）溶剂不与被提纯的物质发生化学反应。

（2）在较高温度时能溶解较多的被提纯物质，在室温或更低温度下只能溶解少量（越少越好）被提纯物质。

（3）溶剂对杂质的溶解度很大（使杂质留在母液中不随提纯的晶体一起析出）或很小（在制成热饱和溶液后，趁热过滤把杂质滤掉）。

（4）较易挥发，易与结晶分离除去。

重结晶的常用溶剂见表1-1。

表 1-1　重结晶的常用溶剂

溶剂	沸点/℃	密度/g·cm⁻³	与水混溶性	易燃性
水	100	1.000	+	0
甲醇	64.96	0.792	+	+
乙醇	78.1	0.804	+	++
冰醋酸	117.9	1.049	+	+
丙酮	56.2	0.791	+	+++
乙醚	34.51	0.714	−	++++
石油醚	60~90	0.640~0.650	−	++++
乙酸乙酯	77.06	0.901	−	++
二氯甲烷	40	1.325	−	0
氯仿	61.7	1.480	−	0
四氯化碳	76.54	1.594	−	0
甲苯	111	0.867	−	++
四氢呋喃	66	0.887	+	+++
N,N-二甲基甲酰胺	153	0.950	+	+
二甲亚砜	189	1.101	+	+

注：+与−表示与水混溶性和易燃性程度的高低，0表示不易燃。

在几种溶剂同样都适用时，应根据重结晶的回收率、操作的难易、溶剂的毒性和易燃性、用量和价格等来选择。常见有机化合物在溶剂中的溶解度可从手册的溶解度一栏查到，若根据手册仍难确定或查不到，这时可根据相似相溶的规律，把需提纯的化合物的结构与各种溶剂的结构进行比较。当某种物质在一些溶剂中的溶解度太大，而在另一些溶剂中的溶解度太小，不能选择到一种合适的溶剂时，常可使用混合溶剂。使用混合溶剂时的操作与单一溶剂基本相同，在溶解步骤中可将被提纯物质直接溶于混合溶剂，更可取的方法是将被提纯物先溶于一定温度的良溶剂中，如有杂质可趁热滤去，再将不良溶剂缓慢加入该热溶液中，直到出现浑浊不再消失为止，此时刚好过饱和。

重结晶还需要注意的问题是溶解过程，溶解过程要特别注意温度的控制和溶解情况的判断。重结晶是根据化合物在不同温度下溶解度不同而得到结晶的，因此温度的控制直接关系到溶解度，尤其是聚合用的热引发剂必须在低于50℃的条件下进行溶解，此时温度若控制稍高，就会导致引发剂受热分解而失效。溶解情况和饱和溶液的判断也是非常关键的，如果在一定温度的溶剂中加入被提纯物未完全溶解，应搅拌一会再观察，因为有的化合物溶解速度较慢。这时要特别注意判断是否有不溶性杂质存在，以免误加入过多溶剂，也要防止因溶剂量不够而把待重结晶物质视作不溶性杂质。当溶液中含有有色杂质时，要用活性炭脱色，它会吸附一些溶剂；热过滤时，溶剂也会挥发一部分，而且溶剂的温度略有降低，由于溶解度减少而使结晶析出，给操作带来很大麻烦。因此要根据这两方面的得失权衡溶剂用量，在溶解操作时溶剂量可比实际饱和溶剂量多5%～10%。

　　此外，趁热过滤和结晶的问题也需要重点关注。为了避免在过滤时溶液冷却，结晶析出，造成操作困难和损失，过滤操作必须尽可能快地完成，同时也要设法保持被滤液体的温度，使它尽可能冷得慢些。可将漏斗事先在烘箱中烘热，或用电吹风吹热，但要注意像引发剂提纯这样有上限温度要求时，不能把漏斗加热太高的温度；也可以使用热过滤专用的漏斗，将盛有滤液的锥形瓶置于冷水浴中迅速冷却并剧烈搅动，可以得到颗粒很小的晶体。滤液先在室温静置，再于更低的温度下（如放入冷藏箱中）静置，使其缓缓冷却得到大而均匀的晶体。结晶一段时间，观察没有更多的结晶析出就可以抽滤得到提纯物。但抽滤后的母液也不可随意丢弃，若母液中不含大量溶质，可经蒸馏回收；若母液中溶质较多，可以留存到下次重结晶时使用，以免浪费晶体。得到的提纯晶体可以使用很多方法干燥，但要特别注意晶体的耐受温度，如引发剂晶体的干燥必须在其分解温度以下，若溶剂是乙醇，可先在室温下晾干，再于真空烘箱中常温干燥。

（三）萃取和洗涤

　　在高分子化学实验的提纯方法中，除了蒸馏和重结晶这两大常用方法，萃取和洗涤也是很重要的精制手段。萃取和洗涤的操作是相同的，区别在于萃取是从液体或固体混合物中提取出所需要的物质，洗涤是用来洗去某一试剂或混合物中的少量杂质。本节主要介绍在提纯反应物时所使用的方法。

　　一般实验中所使用的试剂都具有较高纯度，但也有一些试剂无法购买到高纯度的产品，或聚合反应使用的单体本身也是需要通过有机反应自己合成，这就会应用到萃取方法。萃取是利用物质在两种不互溶的溶剂中溶解度不同而达到分离、纯化的目的。萃取溶剂的选择既要考虑对被萃取物质溶解度大，又要顾及萃取后易于与该物质分离，因此选择时尽量使用低沸点的溶剂。

　　利用萃取剂与被萃取物发生化学反应，也可达到分离的目的。在高分子化学实验中，一些带有多官能度单体（如含有两个双键的交联剂）的纯化，多是除去产品出厂时添加的阻聚剂，使用蒸馏方法通常由于长时间的加热而聚合，得到的馏分很少，这时采用洗涤的方法除去其中的阻聚剂是非常有效的。利用碱液可与阻聚剂反应生成盐的性质，将 5 倍以上的碱液与待纯化的单体相混合，充分洗涤，静置分离，再用蒸馏水洗至中性，分离除水并加入干燥剂干燥，即可达到提纯的目的。

在萃取和洗涤时，特别是溶液呈碱性时，常会产生乳化现象，有时由于溶剂互溶或两液相密度相差较小，使两液相很难明显分开；有时会在萃取过程中产生一些絮状轻质沉淀，存在于界面附近。这些情况都造成了分离困难，为解决此问题，可采用如下方法。

（1）长时间静置；

（2）加入少量电解质，以增加水相的密度，或改变液体的表面张力；

（3）有时可加入第三种溶剂；

（4）将两液相一起过滤。

固体物质的萃取是利用长期浸泡的方法，相应的装置是索式提取器，这种方法多用于聚合物的提纯。

（四）试剂的除水干燥

试剂的干燥作为聚合反应之前的精制手段，也是高分子化学实验中的重要操作，尤其是离子型聚合中，所有反应体系中的试剂都必须严格干燥。干燥液体有机化合物的具体方法有物理法和化学法两种。物理法又可分为分馏法和吸附法，分馏法在本节前面已有介绍；吸附法是使用吸附剂，如离子交换树脂或分子筛吸附水分。吸附剂在使用前必须首先脱水，离子交换树脂在 150 ℃脱水，分子筛在 350 ℃脱水，可以反复使用。化学法干燥是利用干燥剂和水进行化学反应除去水分，根据干燥剂和水的作用机制又可分为两类，第一类可与水可逆地结合生成结晶水合物，如氯化钙、硫酸镁等；第二类是与水发生不可逆的化学反应，如金属钠、氧化钙、五氧化二磷等。

第一类干燥剂可以结合不同数目的结晶水，但不同数目的结晶水和结晶表面形成的微饱和溶液的水蒸气压决定了它的吸水效能，如无水硫酸镁最多只能结合 7 个结晶水。这类干燥剂在与水作用生成结晶水时，需要一定的时间，因此干燥时要充分放置。此外，由于这类干燥剂和水的结合是可逆的，温度升高时会脱去结晶水，因此不可以将带有干燥剂的有机试剂直接用于加热实验，应提前过滤。对于第一类干燥剂的选择，要根据其干燥效能和吸水容量而定，如硫酸钠干燥效能弱但吸水容量大，可以先用来干燥含水量较多的有机试剂；硫酸钙干燥效能强但吸水容量小，可用于干燥含极少水分的试剂，这两种干燥剂还可以配合使用达到最佳的干燥效果。尽管如此，由于干燥剂的品种较多，干燥剂的选择和用量还是不易确定，一般 100 mL 有机试剂的干燥剂用量为 1~10 g。从干燥剂的外观也可以判断其干燥效果，如氯化钙一般选用几毫米的颗粒进行干燥，无水硫酸盐则选用粉末为好，结块的硫酸盐说明已吸收较多水分，需烘烤脱水。

第二类干燥剂干燥效能都很强，常用在需要彻底干燥严格无水的精制实验中。一些含水较多的试剂可以先用第一类干燥剂干燥后，再加入第二类干燥剂充分干燥。第二类干燥剂和水生成稳定的产物，与水的反应快速、剧烈。在操作时注意先将干燥剂加入待干燥的试剂使其反应一定时间，反应平稳后可一起加热回流一段时间，再蒸馏得到充分干燥的试剂，剩余未反应的干燥剂要小心处理使其充分转化为不易燃的化合物，消除安全隐患。在进行干燥精制时，还应特别注意干燥剂不能和待干燥试剂发生化学反应或催化作用，酸性干燥剂和碱性干燥剂的选用要特别注意其可能与待干燥试剂发生化学反应或催化反应，如氯化钙可与醇、酚、胺生成络合物，使用时也要注意。常用干燥剂的性能和应用范围见表 1-2。

表 1-2　常用干燥剂的性能和应用范围

干燥剂	吸水作用	干燥效能	干燥速度	应用范围
氯化钙	$CaCl_2 \cdot nH_2O$ （$n = 1$、2、4、6）	中等	开始较快	卤代烃醚、硝基化合物
硫酸镁	$MgSO_4 \cdot nH_2O$ （$n = 1 \sim 7$）	较弱	较快	应用广泛
硫酸钠	$Na_2SO_4 \cdot 10H_2O$	弱	缓慢	应用广泛，常用于初步干燥
硫酸钙	$2CaSO_4 \cdot 10H_2O$	强	快	应用广泛，常与硫酸镁或硫酸钠配合使用作为后期干燥剂
碳酸钾	$K_2CO_3 \cdot 1/2H_2O$	较弱	慢	应用于醇、酮、酯、胺和一些杂环碱性化合物
氢氧化钠	溶于水	中等	快	常用于干燥碱性气体
金属钠	反应生成 NaOH和 H_2	强	快	仅用于干燥醚类、烃类物质中痕量水分
氧化钙	反应生成 $Ca(OH)_2$	强	较快	适用于干燥低级醇、胺等
五氧化二磷	反应生成磷酸	强	快	适用于干燥醚、烃、卤代烃、腈中的痕量水分
分子筛	物理吸附	强	快	应用广泛
变色硅胶	物理吸附	强	快	用于干燥非强碱性气体，变色后经干燥可反复使用

二、配制标准溶液

在高分子化学实验中，尤其是一些缩聚反应，可以通过滴定的方法检测样品中的特征基团含量，从而确定反应程度，如醇酸树脂合成中酸值的测定，或是在得到聚合物后用滴定的方法确定其结构特征，如环氧值、醇解度、缩醛度的测定等。因此配制酸、碱标准溶液是进行高分子化学实验应掌握的基本操作。在高分子化学实验中所用到的有些标准溶液并非水溶液，如滴定酸值所用的就是氢氧化钾的乙醇溶液，由于不易溶解，配制时需充分静置后滤去沉淀，再标定其浓度。一般酸标准溶液的标定采用无水碳酸钠和硼砂作为基准物。用碳酸钠作基准物时，要先在 180 ℃下干燥 2~3 h，置于干燥器内冷却，标定时用甲基橙作指示剂；用硼砂标定酸时，用甲基红作指示剂，硼砂的制备是在水中重结晶，50 ℃以下析出结晶，于 60%~70% 的湿度下干燥后密封保存，得到含结晶水的（$Na_2SO_4 \cdot 10H_2O$）基准物。

标定碱溶液常用邻苯二甲酸氢钾和草酸作为基准物。邻苯二甲酸氢钾不易吸水，在 100~125 ℃干燥 2 h 后即可存入干燥器备用，干燥温度过高会引起脱水生成邻苯二甲酸酐。草酸是比较稳定的，不易失去结晶水，但光催化会使其自动分解，应于避光处妥善保存。碱溶液的标定多使用酚酞作为指示剂。常用酸碱指示剂见表 1-3。

表 1-3 常用酸碱指示剂

名称	pH 值变化范围	颜色		指示剂浓度（质量分数）
		酸溶液	碱溶液	
百里酚蓝（第一次变色）	1.2~2.8	红色		0.1%的20%乙醇溶液
甲基黄	2.9~4.0	红色	黄色	0.1%的20%乙醇溶液
甲基橙	3.1~4.4	红色	黄色	0.05%的水溶液
甲基红	4.4~6.2	红色	黄色	0.1%的60%乙醇溶液
溴甲酚紫	5.2~6.8	黄色	紫色	0.1%的20%乙醇溶液
酚红	6.7~8.4	黄色	红色	0.1%的60%乙醇溶液
酚酞	8.0~9.6	无色	红色	0.1%的90%乙醇溶液
百里酚蓝（第二次变色）	8.0~9.6	黄色	蓝色	0.1%的20%乙醇溶液
百里酚酞	9.4~10.6	无色	蓝色	0.1%的90%乙醇溶液

三、基本物理常数的测定

在高分子化学实验中经常会用到一些化合物的基本物理常数（物性），它们可以帮助我们确定反应温度、提纯方法及分析实验结果等，具有非常重要的参考价值。很多化合物的基本物理常数在手册中都可以查到，但是进行实验之前常用测定物性的方法来判定反应原料的纯度。如一般固体的纯度用测定熔点的方法，液体的纯度用测定折射率的方法；沸点一般较少用来鉴定某种液体化合物，因为它与外界压力密切相关，涉及加热实验，杂质对沸点的影响又没有规律性，而且在蒸馏纯化液体时就可以方便地测得液体的沸点。液体密度也是一个基本的物理常数，在进行分离提纯、分子设计和分析实验结果的时候，液体密度可能是一个很重要的指标。

（一）熔点

非常纯净的固体化合物具有固定的熔点，纯度较低的化合物和高聚物则具有熔程，即从开始熔解到全部熔解的温度区间。杂质一般会使熔点下降，还会使熔程变长。测量熔点的仪器可以用简单的 B 形管，更方便的是使用熔点仪测定熔点，将微量待测固体放在两载玻片之间或毛细管中，再置于熔点仪的热台上，通电缓慢加热，从目镜上观测熔解情况，熔解时读出热台上温度计显示的温度即为熔点。测定熔点操作时要注意升温速度不能太快，否则熔解的瞬间很难及时读出温度。

（二）密度

一般试剂和常见聚合物的密度在手册上都可以查到，但是自己合成的聚合物在需要确定其物性时就只能通过实验来测定其密度。一种较简便的密度测定仪器是密度瓶，它是由平底磨口玻璃瓶和毛细管组成。在测量液体密度时，先将空密度瓶在分析天平上称重（m_0），将待测液体加入毛细管顶部，恒温一段时间，将毛细管处溢出的液体用滤纸擦去，再称量其质量（m_1），倒出瓶中液体，将密度瓶洗净，用同样方法称重水的质量（m_h），则可计算该液体的密度 ρ_1。

$$\rho_1 = \frac{m_1 - m_0}{m_h - m_0} \rho_h$$

在测定固体密度时，一般也用水作参比，但固体必须与水不发生任何反应，不溶解也不溶胀，也可采用其他已知密度的液体作为参比。首先称取空瓶质量（m_0），然后加入占瓶容积 1/5 ~ 1/3 的待测固体称重（m_2），再于瓶内加水至毛细管顶部，恒温称重（m_3），再通过加纯水的质量（m_h），则可计算出固体的密度 ρ_s。

$$\rho_s = \frac{m_2 - m_0}{(m_h - m_0) - (m_3 - m_2)} \rho_h$$

在测量液体或固体密度时，应注意恒温前后都要检查瓶中或固体上是否吸附了气泡，加入液体时要尽量沿瓶壁加入，避免气泡的产生而影响测定结果。称重是测量密度时关键的操作，应尽量选择精确度高、误差较小的分析天平进行称量，可称重三次取平均值。

（三）折射率

测定折射率最典型的仪器是阿贝折射仪，它的精度可以达到 0.001，折射率的量程为 1.3000 ~ 1.7000，所需样品量极少（1 ~ 2 滴）。折射率的值与温度密切相关，一般文献上的折射率多为 20 ~ 30 ℃ 的测定值。在测量折射率之前，先要通过恒温水浴的循环水系统将阿贝折射仪恒温，同时调节反光镜使视野处于亮场，待温度恒定至所需温度时，将待测的液体滴至辅助棱镜上，立即旋上，转动消色散调节旋钮使界限清晰，再转动棱镜调节旋钮，使界限刚好通过十字交叉点，读出此温度下的折射率。一般在测样品折射率前先测蒸馏水的折射率以进行仪器校正。

四、聚合反应温度的控制

高分子化学实验离不开温度的控制。自由基聚合采用热分解引发剂，聚合温度一般在 50 ℃ 以上，缩聚所需要的温度更高，熔融缩聚有时会控制在 200 ℃ 以上，离子型聚合一般都在低温进行，有时需要控制在零下十几摄氏度甚至更低。由此可见，实验中温度的控制是至关紧要的。一些高档的控温设备不仅可以达到精确控温、快速升降温，还可以实现计算机监控，实验室中常见的温度控制设备和方法有以下几种。

（一）水浴

如果反应需控制温度在 0~100 ℃，那么采用水浴加热是一种较好的选择。水浴加热介质纯净，易清洗，水的比热容大，温度控制恒定。不过各种水浴加热设备的精度是不同的，一般水浴控温精度在 ±(1~2)℃，超级恒温水浴可控温度在 ±0.2 ℃，较大的水浴需要附加搅拌（机械搅拌或电磁搅拌）。水浴加热设备的缺点是降温较慢，且不易控制，比较好的水浴配有冷却装置，降温时可通入冷却水或其他冷却介质实现可控降温。使用水浴长时间加热时还要注意及时补充蒸发掉的水分，也可以在水面铺一层薄薄的甘油或液体石蜡防止水蒸发太快。

（二）油浴

100~250 ℃ 的温度控制就要选用油浴加热，油浴加热可控的温度范围取决于导热油的种类。常用的导热油有含氢硅油、液体石蜡、泵油等。油浴的温度控制精度一般可达到 ±0.5 ℃，较好的控温都需要附加搅拌（机械搅拌或电磁搅拌）。油浴的降温也是比较困难的，需要降温时最快是将反应瓶取出，如果是先升温后降温的反应，就只能采用两套加热设备。使用油浴加热，装置不易清洗，长时间使用会发现导热油变得浑浊，黏度有所上升，还要及时更换导热油以免发生火灾。在使用油浴加热反应时，油浴锅的附近应避免放置易燃物和易燃试剂。

（三）电加热

电加热是比较方便的一种加热设备，适用于室温至 300 ℃ 之间的各种反应。电加热在使用中一个主要问题是控温不够精确，反应体系受热也容易不均匀。使用电加热应选择可调压（或可控温）的电热套，对于不可控温的电热套，可另加电子控温仪接在电热套上进行精确控温。目前市售的电热套有的可以显示电热套内壁的温度，有的外接一热电偶，可测定反应瓶内温度，这时就要注意在瓶内温度达到设定温度之前，电热套内壁可能温度很高，反应瓶切记不能靠在电热套的底部，以免受热不均，应与电热套保持一定的距离，利用空气浴加热。

五、聚合反应的搅拌

化学实验离不开搅拌，尤其在高分子化学实验中，无论是溶液状态还是熔融状态，高分子化合物的高黏特性使其在反应过程中传热和传质的均匀性难以保证，因此搅拌就显得尤为重要。搅拌不仅可以使反应组分混合均匀，还有利于体系的散热，避免发生局部过热而爆聚，实验室使用的搅拌方式通常有电磁搅拌和机械搅拌。

（一）电磁搅拌器

电磁搅拌器是由磁场的变化使容器中磁子发生转动，从而达到搅拌效果。磁子内核是磁铁，外部包裹着聚四氟乙烯，防止磁铁被腐蚀、氧化和污染反应体系。磁子的外形有多种，如棒状、锥状和椭球状，各种形状还有大小区别，依照形状和大小可以选择适用的各种容器（平底容器或圆底容器）。电磁搅拌通常可以调节磁力搅拌器的搅拌速度，有的电磁搅拌同时配有加热装置，可以在搅拌的同时进行电加热。在没有加热装置的电磁搅拌上，也可以自制加热控温装置，包括加热容器（平底宽口玻璃容器或平底铁锅）、加热棒、温度计和节点温度计，加热介质可根据情况选择水浴或油浴。

（二）机械搅拌器

当反应体系的黏度较大时，如制备黏合剂，或当反应体系量较多时，电磁搅拌器无法带动磁子转动，达不到搅拌均匀的目的，这时就需要使用机械搅拌器。在进行乳液聚合和悬浮聚合时，需要强力搅拌使单体相在分散介质中分散成微小液滴，这也离不开机械搅拌。机械搅拌器由电机、搅拌器和控速部分组成。其中搅拌棒有很多种形状，如锚式搅拌棒常用于反应釜，工业生产中采用的锚式搅拌还设计了多维立体的各类形状，以提高搅拌效果；活动叶片式搅拌棒是实验室中常用的搅拌棒，它可以方便地放入反应瓶中，搅拌时由于离心作用，叶片自动处于水平状态。活动叶片式搅拌棒有玻璃和不锈钢两种材质，玻璃搅拌棒适用范围广，但易折断和损坏，不锈钢搅拌棒不易受损，但不适用于强酸、强碱体系。改进的外包聚四氟乙烯的金属搅拌棒经久耐用，方便易清洗，这种搅拌棒多是做成叶片可活动的锚式搅拌棒，搅拌力度大，混合效果好，但一些需要搅拌极其平稳的反应还应尽量选择玻璃搅拌棒。

在搅拌电机和搅拌棒连接处可以采用两种连接方式。一种是使用配套的金属连接头，这种连接头一般不适用玻璃搅拌棒，连接时将连接头下部的螺栓旋紧即可；另一种是用橡胶管连接，可以连接各种搅拌棒，有的搅拌棒过细，还需要在橡胶管上固定铁丝等紧固件，这种连接的好处是在搭反应装置时不会由于不完全垂直而产生应力，致使搅拌棒折断。搅拌棒放入反应瓶中也需要连接和密封件，位于反应器瓶口处的称为搅拌套管，它的类型也有多种，实验室常用的搅拌套管有磨口玻璃搅拌套管、自制橡胶塞搅拌套管和聚四氟乙烯搅拌套管，在需要严格密封的场合还可以使用带液封的玻璃搅拌套管，或自制套管以提高密封效果，如在搅拌套管上加一段较长的与搅拌棒紧配的真空橡胶管，使搅拌棒刚好插入，并用少量凡士林等润滑，打好孔的橡胶塞（作为搅拌套管）上也可加一段真空橡胶管，中间用短玻璃管连接，必要时加些润滑剂。聚四氟乙烯的搅拌套管密封效果一般不是很好，可用于密封条件要求不高的场合，实验中也可在搅拌棒与搅拌套管的衔接位置上缠一些生料带以提高密封性。

机械搅拌器一般配有调速装置，没有调速装置的也可自配调压器，较好的搅拌器可以准确显示搅拌速度。普通搅拌器真实的转速往往由于电压的不稳定而难以确定，或由于体系中的一些阻力而出现时快时慢的现象，这时可用市售的光电转速计来测定，只需将一小块反光铝箔粘在搅拌棒上，将光电转速计对准铝箔平行位置，通过发射红外线测速，便可直接从转速计显示屏上读数。

在安装搅拌装置时，要按照自下而上的原则，确保搅拌垂直、平稳。首先把反应瓶放入加热浴中较合适的位置并固定，在反应瓶上加装搅拌套管和搅拌棒，再将搅拌棒与电机连接好，此时需要调整电机的转轴与搅拌棒对正垂直，搅拌棒自上而下地水平垂直，可从整个装置的各个角度观察水平和垂直情况，确保搅拌平稳。此后可以开动搅拌器，检查搅拌棒在反应瓶中的搅拌情况，及时调整到最佳位置和效果。在进行高分子化学实验时，还要特别注意由于高分子反应体系的高黏特性和分散特点，需要将搅拌叶尽量靠近反应瓶瓶底，以达到最佳的搅拌效果。搅拌装置安装好后再于反应瓶的其他瓶口加装其他玻璃仪器，如冷凝管和温度计等，装入温度计和氮气导管时，应该关闭搅拌，仔细观察温度计和氮气导管是否与搅拌棒有接触，再调节它们的高度。最后重新检查和调节搅拌装置的水平和垂直情况，将搅拌器开到低挡，检查搅拌棒是否可以平稳转动。

（三）其他分散设备

除了高分子化学实验室最常用的电磁搅拌和机械搅拌设备，在进行强力分散、乳化等实验时，会用到一些特殊分散设备，如具有高速剪切功能的高速乳化机、具有一定分散效果的超声波清洗机和具有较强分散效果的超声波细胞破碎机等，这些设备的使用比较简单，选择适当的功率和转速即可。带探头的设备一般是放入容器中直接分散乳化，应注意防止被分散液外溅，以及高速分散或超声波产生的热量是否会引起被分散液发生变化（如发生聚合反应）。超声波清洗机是在容器外部通过介质（通常是水）进行超声分散的，很多超声波清洗机还带有加热装置，可以同时作为水浴使用。

第二章　逐步聚合反应实验

实验 1　熔融缩聚制备尼龙-66

一、实验目的

（1）加深对逐步聚合反应理论和过程控制的理解。

（2）用己二酸己二胺盐的熔融缩聚法制备尼龙-66。

（3）学习端基滴定法测定聚酰胺的分子量。

二、实验原理

脂肪族聚酰胺（俗称尼龙）是美国 DuPont 公司 Carothers 最先开发用于纤维的树脂，于 1939 年实现工业化。20 世纪 50 年代开始注塑制品的开发和生产，以取代金属满足下游工业制品轻量化，降低成本。尼龙具有良好的综合性能，包括力学性能、耐热性、耐磨损性、耐化学药品性和自润滑性，且摩擦系数低，有一定的阻燃性，易于加工，适于用玻璃纤维和其他填料填充增强改性，在使用性能获得提高的同时，应用范围也大大拓展，如在汽车、电气设备、机械部件和交通器材等方面。缺点是吸水性大，影响尺寸稳定性和电性能，纤维增强可降低树脂吸水率，使其能在高温和高湿的条件下使用。尼龙的熔体流动性好，故制品壁厚可小到 1 mm。

尼龙的品种繁多，有尼龙-6、尼龙-11、尼龙-12、尼龙-46、尼龙-66、尼龙-610、尼龙-612 和尼龙-1010 等，还有半芳香族尼龙-6T 和特种尼龙等很多新品种。作为工程塑料的尼龙，其分子量一般为 1.5 万~3 万。尼龙品种中，尼龙-66 的硬度和刚性最高，但是韧性最差。

虽然同属缩聚反应，聚酰胺反应比聚酯化反应具有高得多的平衡常数，在相同条件下更容易获得高分子量的聚合物。为了获得高分子量聚酰胺，功能团等摩尔反应是必需的，这就要求单体有极高的纯度，同时需要将生成的 H_2O 从聚合体系中排除。

在本实验中，聚酰胺化反应的单体纯化有较为巧妙的方法，它的两种单体分别具有酸性和碱性，两者混合可以形成 1：1（摩尔比）的己二酸己二胺盐（称为66-盐）。使用66-盐作为反应原料，很容易实现官能团的等摩尔反应，并可以避免高温反应（260 ℃）导致己二胺和己二酸的损失。尽管如此，66-盐中的己二胺仍有一定程度的升华性，因此可以在封闭的体系中或在较低温度下（200 ℃）进行预聚合，待单体基本转化成多聚体后，再在高温、高真空条件下进行后聚合。反应式如下：

$$HOOC(CH_2)_4COOH + H_2N(CH_2)_6NH_2 \longrightarrow$$
$$[H_3N^+(CH_2)_6NH_3^+][^-OOC(CH_2)_4COO^-]$$
$$[H_3N^+(CH_2)_6NH_3^+][^-OOC(CH_2)_4COO^-] \longrightarrow$$
$$H\text{-}[NH(CH_2)_6NH\text{—}CO(CH_2)_4CO]_n OH$$

在本实验中，单体的精制是通过66-盐的制备和纯化来完成的，官能团自动实现等摩尔，对单体的称量和足量加入要求不是很严格；其次，聚酰胺化反应有高的平衡常数，所需实验时间较短，对真空度的要求也较低。但是，干燥的66-盐多为粉末状固体，在通氮气、减压等操作时易于被带离聚合体系；此外，66-盐的熔点约为 192 ℃，尼龙-66 的熔点高达 259 ℃，聚合反应在更高的温度下进行，较易使物质发生氧化。

根据单体的配比和反应过程，尼龙-66 的端基可以是羧基或者氨基，采用化学滴定法测定氨基和羧基的总和就可以获得聚合物的数均分子量。

本实验预合成分子量为 15000 的尼龙-66，理论反应程度应不低于 0.985。根据实验要求，查阅相关手册，估计残留水的允许含量。实验中建议使用真空油泵。

三、主要药品与仪器

化学试剂：己二酸、己二胺、苯甲醇、95%乙醇、0.005 mol/L HCl 标准溶液、0.01 mol/L KOH/甲醇标准溶液、麝香草酚蓝指示剂、碱蓝指示剂、苯甲醇。

仪器设备：磁力搅拌加热台、支管聚合管（或双口瓶，体积约 10 mL）、铝加热块、真空系统、通氮气系统。

四、实验步骤

1. 66-盐的制备

将 5.8 g 己二酸（0.04 mol）和 4.8 g 己二胺（0.042 mol）分别溶解于 30 mL 的 95%乙醇中。在搅拌条件下，将两溶液混合，混合过程中溶液温度升高，并有晶体析出。继续搅拌 30 min 并充分冷却后，过滤，用乙醇洗涤 2~3 次，自然晾干或在 60 ℃真空干燥。

2. 熔融聚合

在磁力搅拌加热台上放置铝加热块，将加入 3~4 g 66-盐的支管聚合管置于加热孔内，插入带有活塞的导气管，缓慢通入氮气，排出反应容器中的空气。

在通氮条件下，缓慢升温至 66-盐完全熔化，此时温度应不高于 210 ℃。控制升温速率，在 1 h 内升温至 230 ℃。随着反应的进行，产物的分子量逐渐增加。继续升高温度维持体系为熔融状态，最后温度保持在 270 ℃，并在该温度下继续反应 1.5 h，关闭通氮气系统，接通真空泵，在 3~4 kPa 下抽真空 0.5 h，以提高反应程度。最后关闭真空系统，在通氮气条件下恢复常压并逐步冷却，在聚合物保持熔融状态下用玻璃棒蘸少许聚合物，观察样品拉丝情况，由此可粗略估计聚合物的分子量，然后立即趁热倒出聚合物。

实验结束后，拆除实验装置，清洗玻璃仪器。

3. 分子量测定

（1）氨基的滴定。称取 0.4 g 聚合物（精确至 0.001 g，记为 W_1），用 15 mL 苯甲醇缓慢回流溶解，然后冷却至室温。加入两滴麝香草酚蓝指示剂，用 0.005 mol/L 的 HCl 标准溶液滴定，黄色转变成粉红色表示到终点，记录消耗的 HCl 体积为 V_{11}，用 15 mL 苯甲醇在相同条件下进行空白滴定，记录消耗的 HCl 体积为 V_{10}。

（2）羧基的滴定。称取 0.4 g 聚合物（精确至 0.001 g，记为 W_2），用 15 mL 苯甲醇缓慢回流溶解，然后冷却至室温。加入 3~4 滴碱蓝作为指示剂，用 0.01 mol/L 的 KOH 标准溶液滴定，蓝紫色转变成粉红色表示到终点，记录消耗的 KOH 体积为 V_{21}，用 15 mL 苯甲醇在相同条件下进行空白滴定，记录消耗的 HCl 体积为 V_{20}。

五、分析与思考

（1）随反应进行要不断提高聚合温度的根本原因是什么？

（2）在本实验中，66-盐为粉末固体，在通氮气和抽真空条件下易被带出聚合管外，想出几种方法，避免这种现象。

（3）本实验中通氮气和抽真空的目的是什么，为什么需要在反应后期进行真空操作？

（4）给出滴定法测定聚合物分子量的计算式，并由滴定数据计算出结果，并指出该分子量是何种平均分子量，为什么不单独使用羧基滴定或氨基滴定的结果？

实验 2 线形酚醛树脂的制备

一、实验目的

（1）了解反应物的比例和反应条件对酚醛树脂结构的影响，并合成线形酚醛树脂。

（2）进一步掌握不同预聚体的交联方法。

二、实验原理

酚醛树脂塑料是第一个商品化的人工合成聚合物。固体酚醛树脂为黄色、透明块状物质，因含有游离酚而呈微红色，密度为 $1.05 \sim 1.15 \ g/cm^3$，易溶于醇，不溶于水，对水、弱酸和弱碱溶液稳定；液体酚醛树脂为黄色、深棕色液体，主要作为黏合剂使用。改变酚和醛的种类、催化剂类别、酚与醛的摩尔比可以生产出不同类型的酚醛树脂，包括线形酚醛树脂和甲阶酚醛树脂、油溶性酚醛树脂和水溶性酚醛树脂。

酚醛树脂具有良好的耐酸性能，强度高，尺寸稳定性好，耐高温、抗冲击、抗蠕变、抗溶剂和耐湿气等性能也良好。酚醛树脂即使在非常高的温度下，也能保持其结构的整体性和尺寸的稳定性，同时酚醛树脂有很高的高温残碳率，因此酚醛树脂能用于耐火材料领域，在摩擦材料和铸造行业也获得应用。酚醛树脂有良好的黏结性能，与各类无机、有机填料有很好的相容性，可应用于胶合板、纤维板、人造石板和砂轮等的制作，还可以做成开关、插座、机壳和航空飞行器等；此外，酚醛树脂还可作为涂料，如酚醛清漆。水溶性酚醛树脂或醇溶性酚醛树脂被用来浸渍纸、棉布和玻璃等制品，为它们提供了优良的机械强度和电性能等，如电绝缘和机械层压制造、离合器片和汽车滤清器用滤纸。

由苯酚和甲醛聚合得到的酚醛树脂，强碱催化的产物为甲阶酚醛树脂，甲醛与苯酚摩尔比为 $1.2 : 1 \sim 3.0 : 1$，甲醛用 36% ~ 40% 的水溶液，催化剂为 1% ~ 5% 的 NaOH 或 $Ca(OH)_2$ 在 80 ~ 95 ℃加热反应 3 h，就得到了预聚物。为防止过度反应和凝胶化，要真空快速脱水。预聚物为固体或液体，分子量一般为 500 ~ 5000，呈微酸性，其水溶性与分子量和组成有关。交联反应常在 180 ℃下进行，并且交联和预聚物合成的化学反应是相同的。

由苯酚和甲醛聚合得到的酚醛树脂，酸催化的产物为线形酚醛树脂，甲醛和苯酚摩尔比为 $0.75 : 1 \sim 0.85 : 1$，常以草酸或硫酸作催化剂，加热回流 2 ~ 4 h，聚合反应就可完成。由于加入甲醛的量少，只能生成低分子量线形聚合物。反应混合物在高温脱水后冷却粉碎，然后混入 5% ~ 15% 的六亚甲基四胺，加热时六亚甲基四胺分解，产生甲醛和氨气，提供碱性环境和额外的甲醛，使线形酚醛树脂形成体形交联结构。

三、主要药品与仪器

化学试剂：苯酚、甲醛水溶液（质量分数为37%）、二水合草酸、六亚甲基四胺。

仪器设备：三颈瓶、冷凝管、机械搅拌器、蒸馏装置、真空水泵。

四、实验步骤

1. 线形酚醛树脂的制备

向装有机械搅拌器、回流冷凝管和温度计的三颈瓶中加入39 g苯酚（0.414 mol）、27.6 g 37%甲醛水溶液（0.339 mol）、5 mL蒸馏水（如果使用的甲醛溶液浓度偏低，可按比例减少水的加入量）和0.6 g二水合草酸。开动搅拌器，油浴加热，反应混合物回流1.5 h。然后加入90 mL蒸馏水，搅拌均匀后冷却至室温，分离出澄清水层。

实验装置改为减压蒸馏装置。在减压条件下，剩余部分逐步升温至150 ℃，同时真空度控制在66.7~133.3 kPa，保持1 h左右，除去残留的水分，得到澄清熔融液体。在产物保持可流动状态下，将其从烧瓶中倾出，冷却后得到无色脆性固体，称重，计算收率。

2. 线形酚醛树脂的固化

取10 g酚醛树脂，加入六亚甲基四胺0.5 g，在研钵中研磨混合均匀。将粉末放入表面皿上，在加热台上小心加热使其熔融，观察混合物的流动性变化。

五、分析与思考

（1）线形酚醛树脂和甲阶酚醛树脂在结构上有什么差异？

（2）反应结束后，加入90 mL蒸馏水的目的是什么？

（3）从醛-酚反应机理和产物结构上分析线形酚醛树脂和甲阶酚醛树脂在合成条件上不同的原因。

（4）环氧树脂能否作为线形酚醛树脂的交联剂，为什么？

实验 3   双酚 A 型环氧树脂的制备及其固化

一、实验目的

（1）通过双酚 A 型环氧树脂的制备，掌握一般缩聚反应的原理。
（2）了解环氧树脂的固化机理及一般粘结技术。
（3）掌握环氧值的测定方法。

二、实验原理

所有分子内含有环氧基的树脂统称为环氧树脂。它是一种多品种、多用途的新型合成树脂，且性能很好，对金属、陶瓷、玻璃等许多材料具有优良的粘结能力，有万能胶之称；又因为它的电绝缘性能好、体积收缩小、化学稳定性高、机械强度大，广泛用作粘接剂，增强塑料（玻璃钢）电绝缘材料、铸型材料等，在国民经济建设中有很大作用。

双酚 A 型环氧树脂是环氧树脂中产量最大、使用最广的一个品种，它是由双酚 A 和环氧氯丙烷在氢氧化钠存在下反应生成的，其反应式如下：

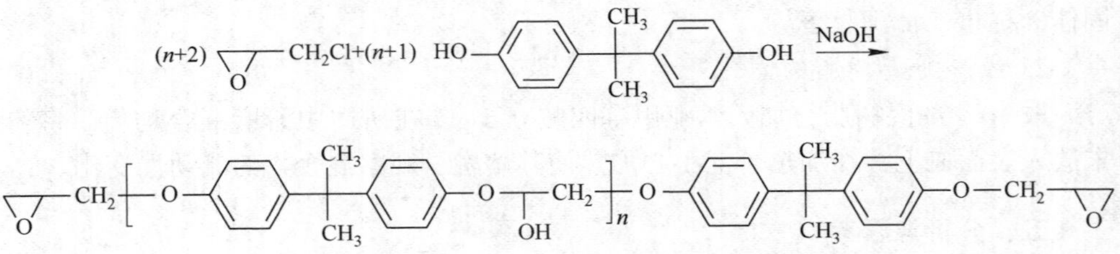

从环氧树脂的结构来看，线形环氧树脂两端带有活泼的环氧基，链中间有羟基，当加入固化剂时，线形高聚物就转变为体形的高聚物。一般常用的固化剂有多元胺和酸酐类，如乙二胺、间苯二胺、三乙烯二胺和邻苯二甲酸酐等。固化反应可在室温或加热下进行，其固化反应原理如下：

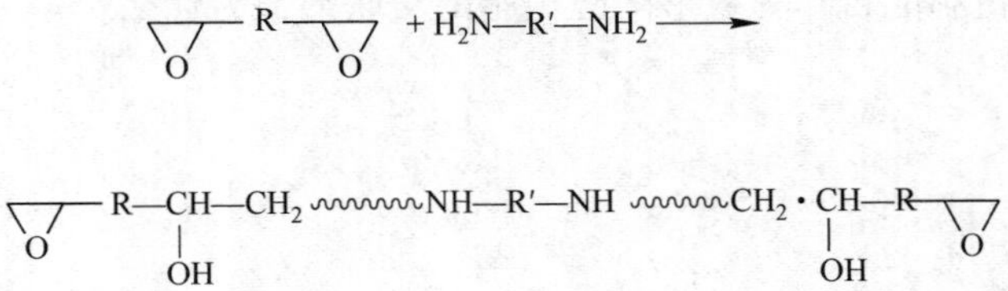

环氧值是指 100 g 环氧树脂中含有环氧基的摩尔数，如相对分子质量为 340 的环氧树脂，每个分子含有两个当量的环氧基，因此环氧值为 $(2/340) \times 100 = 0.59$。

环氧值常用的测定方法是盐酸吡啶法，其原理是根据环氧基在过量的盐酸吡啶中被氯化氢开环生成的开环物消耗掉部分盐酸，然后用碱滴定过量的而未反应的盐酸计算环氧值。其反应机理如下：

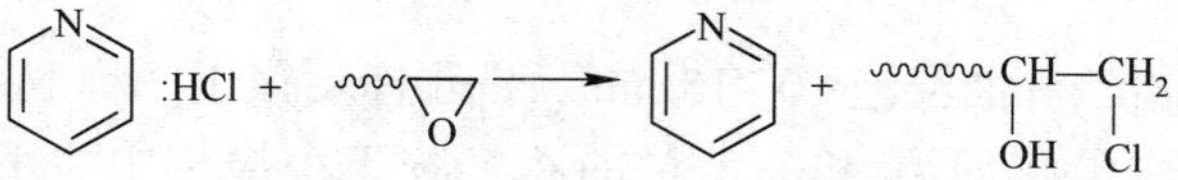

三、主要药品与仪器

化学试剂：环氧氯丙烷、双酚 A、氢氧化钠、苯、去离子水。

仪器设备：三颈瓶、滴液漏斗、分液漏斗、电动搅拌器、温度计、减压蒸馏装置、恒温水浴、油浴。

四、实验步骤

1. 双酚 A 型环氧树脂的制备

将 23 g 双酚 A 和 28 g 环氧氯丙烷依次加入装有搅拌器、滴液漏斗和温度计的 250 mL 三颈瓶中。用水浴加热，并开动搅拌器，使双酚 A 完全溶解，当温度升至 55 ℃时，开始滴加 40 mL、20%的 NaOH 溶液（开始滴加时速度要慢，否则会形成不易分散的固体），约 0.5 h 滴加完毕。此时温度不断升高，必要时可用冷水冷却，保持反应温度 55~60 ℃滴加完后，继续保持 55~60 ℃，反应 3 h。此时溶液呈乳黄色，加入苯 60 mL 并搅拌，使树脂溶解后移入分液漏斗（这时有一部分盐析出，不要将它倒入分液漏斗中，以免堵塞和不易分层），静置后分去水层，再用水洗两次，将上层苯溶液倒入减压蒸馏装置中，先在常压下蒸去苯，然后在减压下蒸馏以除去所有挥发物，直到油浴温度达 130 ℃而没有馏出物时为止。然后趁热将烧杯中的树脂倒出（如冷却后树脂黏度大，就不易倒净，树脂瓶应立即用丙酮清洗（注意回收丙酮）），冷却后得琥珀色透明的、黏稠的环氧树脂，称重并计算产率。

2. 环氧值的测定

准确称取环氧树脂 0.5 g 左右，放入装有磨口冷凝管的 250 mL 锥形瓶中，用移液管加入 2 mL、0.2 mol/L 盐酸吡啶溶液，装上冷凝管，待样品全部溶解后（可在 40~50 ℃水浴上加热溶解）回流加热 20 min，冷至室温，以酚酞为指示剂，用 0.1 mol/L 标准 NaOH 溶液，滴至呈粉红色为止。然后用同样的操作做一次空白实验，计算环氧值。

$$环氧值 = \frac{(V_0 - V_1)c}{10m}$$

式中　V_0——空白滴定消耗的 NaOH 标准溶液的体积数，mL；

V_1——样品滴定消耗 NaOH 标准溶液的体积数，mL；

c——NaOH 标准溶液的浓度，mol/L；

m——样品质量，g。

3. 粘接

将玻璃片用铬酸洗液浸泡 10~15 min，洗干净后烘干。称取 10 g 环氧树脂加入 3~5 滴邻苯二甲酸二丁酯和一定量的乙二胺于小烧杯中，用搅拌棒搅匀后，在玻璃片上涂一薄层，然后将玻璃片用螺旋夹夹紧，在室温下放置 48 h 后，在 110 ℃烘箱内烘 1 h 或 40~80 ℃烘箱中烘 3 h，用于测试粘接强度。

注：（1）称取环氧树脂的方法最好用减量法，即先称称量瓶和树脂的总质量，然后再取出一部分树脂再称量，它们之间的差就是取出树脂的质量。环氧树脂是一种黏稠的液体，可以用小玻璃棒（长 5~6 cm）挑起约黄豆大小一粒（约 0.5 g），挑起后用手旋转，将拉出的丝卷在一起，注意不要拉很长，这样既污染了天平台面，又造成称量不准；小玻璃棒和树脂可一起投入锥形瓶中。

（2）环氧树脂可以粘接金属、陶瓷、玻璃等，但粘接前必须对表面进行清洁处理。

（3）固化剂一般常用多元胺和多元酸酐，它们的用量和环氧值有关。多元胺的用量可以按下式计算：

$$100 \text{ g 树脂所需多元胺固化剂克数} = \frac{\text{多元胺相对分子质量}}{\text{固化剂中活泼氢数}} \times \text{环氧值}$$

酸酐的用量计算较复杂，每种酸酐的活泼性不同，所以需乘上一个系数 K，K 一般为 0.6~1。

$$100 \text{ g 树脂所需酸酐固化剂的克数} = K \times \text{酸酐相对分子质量} \times \text{环氧值}$$

五、分析与思考

（1）讨论影响环氧树脂合成的主要因素有哪些？

（2）举例说明环氧树脂固化反应机理。

（3）环氧树脂胶粘接原理是什么？

（4）环氧树脂有哪些用途？

实验 4 热塑性聚氨酯弹性体的制备

一、实验目的

（1）了解逐步加成聚合反应和聚氨酯。

（2）了解聚氨酯热塑性弹性体的结构特点和性质，初步学习无水反应的操作。

二、实验原理

聚氨酯（PU）是由多异氰酸酯和多元醇在多元胺或水等扩链剂或交联剂作用下形成的聚合物，主链中含有氨基甲酸酯键（—NHCOO—）。通过改变原料种类及组成，可以大幅度地改变产物结构、制品形态及其性能，得到从柔软到坚硬的最终产品。聚氨酯制品有软质、半硬质及硬质泡沫塑料、热塑性弹性体（聚氨酯弹性体简称为 TPU）、油漆涂料、胶黏剂、密封胶、合成革涂层树脂和弹性纤维等，广泛应用于众多领域。聚氨酯软泡沫塑料主要用作垫材、包装材料和隔音材料；硬泡沫塑料主要用作电隔热层、墙面保温防水层、管道保温材料、冷藏隔热材料和建筑板材等；半硬泡沫塑料用于汽车仪表板和方向盘等。聚氨酯弹性体的弹性和强度较高，具有优异的耐磨性、耐油性、耐疲劳性和抗振动性，被誉为"耐磨橡胶"之称，已广泛用于冶金、石油、汽车、选矿、水利、纺织、印刷、医疗、体育、粮食加工和建筑等行业。用聚氨酯纤维制成的鲨鱼皮泳衣，极大降低了水流的摩擦力。值得注意的是，聚氨酯材料特别是聚氨酯泡沫塑料燃烧非常快，会产生含有剧毒氰化氢的气体。

线形聚氨酯是通过二异氰酸酯的异氰酸酯基团和二元醇的羟基之间的逐步加成反应而生成的。其反应机理如下：

$$HO—(CH_2)_6—OH + OCN—(CH_2)_4—NCO \longrightarrow$$

$$-\!\!\left[O(CH_2)_6—\overset{\displaystyle O}{\overset{\|}{O}}\!\!CNH—(CH_2)_4—NH\overset{\displaystyle O}{\overset{\|}{C}}O—O\right]_{\!n}$$

如果采用聚醚二元醇或聚酯二元醇进行聚氨酯的合成，则能赋予聚合物一定的柔性。它们与过量的二异氰酸酯，如甲苯-2,4-二氰酸酯（TDI）或二甲苯二异氰酸酯（MDI）等反应，生成末端含异氰酸酯基的预聚体，然后加入与异氰酸根基团等物质的量的扩链剂（如二元醇或二元胺）进行扩链反应，生成线形的聚氨酯弹性体。在室温下，聚氨酯分子间存在较强的氢键起交联点的作用，赋予聚氨酯高弹性，升高温度，氢键作用减弱，交联作用破坏，聚合物具有热塑性。这种聚氨酯为（AB）$_n$ 型多嵌段共聚物，低温为物理交联的体形结构，高温具有与热塑性塑料相同的加工性能，因而有热塑性弹性体之称。

从分子结构分析，聚氨酯弹性体可看作由柔性链段和刚性链段组成的多嵌段聚合物，A 嵌段为柔性链段（如聚酯和聚醚），B 嵌段为刚性的链段，由异氰酸酯和扩链剂组成。柔性链使聚合物软化点和二级转变点下降，硬度和机械强度降低；刚性链则会束缚大分子链的运动，导致软化点和二级转变点上升，硬度和机械强度提高。因此，通过调节软、硬链段的比例可以制备出性能不同的弹性体，反应机理如下所示：

$$HO\text{~~~~}OH + OCN-R-NCO \longrightarrow OCN-R-\overset{O}{\overset{\|}{N}HCO}\text{~~~~}OCONH-R-NCO$$

$$OCN-R-\overset{O}{\overset{\|}{N}HCO}\text{~~~~}OCONH-R-NCO + HO-R'-OH \longrightarrow$$

$$\text{~~~~}O-R'-OCNH-R-\overset{O}{\overset{\|}{N}HCO}\text{~~~~}OCONH-R-HNCO-R'-O\text{~~~~}$$

软 段　　硬段

聚氨酯热塑性弹性体可采用一步法和预聚体法制备。在一步法中，先将双羟基封端的聚酯或聚醚和扩链剂充分混合，然后在一定条件下加入计量的二异氰酸酯，均匀混合后即可。在预聚体法中，先将聚醚二元醇或聚酯二元醇与二异氰酸酯反应生成异氰酸酯封端的预聚体，然后加入等化学计量的扩链剂进行反应。从工艺角度来分，聚氨酯的制备又可分为本体法和溶液法。本实验采用本体一步法和溶液预聚法来制备聚酯型聚氨酯弹性体和聚醚型聚氨酯弹性体。

三、主要药品与仪器

化学试剂：1,4-丁二醇（钠回流干燥）、双羟基封端的聚四氢呋喃（分子量为 1500 左右）、甲苯-2,4-二氰酸酯（新蒸）、甲基异丁基酮（氢化钙干燥后蒸馏）、二甲亚砜（氢化钙干燥后减压蒸馏）、二丁基月桂酸锡、抗氧剂 1010。

仪器设备：真空干燥箱、四颈烧瓶、机械搅拌器、通氮气系统、滴液漏斗。

四、实验步骤

1. 溶液预聚法

（1）预聚体的制备。250 mL 四颈烧瓶上装备搅拌器、滴液漏斗、温度计和氮气入口管，称取 7.0 g（0.04 mol）TDI 加入四颈烧瓶中，加入 15 mL 二甲亚砜和甲基异丁基酮的混合溶剂（体积比为 1），开动搅拌器，通入氮气，升温至

60 ℃，使 TDI 全部溶解。然后称取 20 g（0.02 mol）双羟基封端的聚四氢呋喃，将其溶于 15 mL 混合溶剂中，待溶解后从滴液漏斗缓慢加入反应瓶中。滴加完毕，继续于 60 ℃反应 2 h，得到无色透明预聚体溶液。预聚体制备反应装置如图2-1 所示。

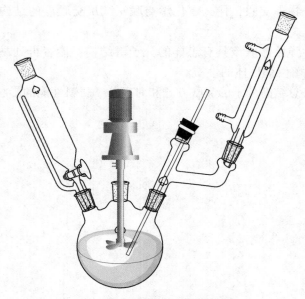

图 2-1　预聚体制备反应装置示意图

（2）扩链反应。将 1.8 g（0.02 mol）1,4-丁二醇溶解在 5 mL 混合溶剂后，从滴液漏斗缓慢加入上述预聚体溶液中。当黏度增加时适当加快搅拌速度，待滴加完毕后在 60 ℃反应 1.5 h。如果黏度过大，可适当补加混合溶剂并搅拌均匀，然后将聚合物溶液倒入装有蒸馏水的烧杯中，产物以白色固体析出。

（3）后处理。产物在水中浸泡过夜，用水洗涤 2~3 次，再用乙醇浸泡 1 h 后用水洗涤，在红外灯下基本烘干后，再在真空烘箱中于 50 ℃充分干燥，即得到聚醚型聚氨酯弹性体，计算产率。

2. 本体法

在装有温度计和机械搅拌器的 200 mL 反应容器中加入 75 g（0.05 mol）双羟基封端的聚四氢呋喃，9.0 g（0.1 mol）1,4-丁二醇和反应物总量为 1%的抗氧剂 1010。将反应器置于平板电炉上，开动搅拌器，加热至 120 ℃，用滴管加入两滴二丁基月桂酸锡，然后在搅拌下将预热到 100 ℃的 37.5 g（0.15 mol）TDI 迅速加入反应器中，随聚合物黏度增加，不断加快搅拌速度。待反应温度不再上升（2~3 min），除去搅拌器，将产物倒入涂有脱模剂的铝盘中（铝盘预热到80 ℃），于 80 ℃烘箱中加热 24 h 完成反应。

五、分析与思考

（1）为什么以获得可溶/可熔聚氨酯弹性体作为实验要求？试从聚氨酯合成反应的副反应解释。

（2）什么是物理交联，什么是化学交联？试从交联点的结构和形成方式来区分两种交联方式。

（3）热塑性弹性体应该具有怎样的分子链结构，能否再列举几例？接枝共聚物能否具有热塑性弹性体的性质？

（4）分析并总结高分子的交联方式和对高分子材料性能的影响。

实验 5　界面缩聚法制备尼龙-610

一、实验目的

（1）了解界面缩聚的原理及特点。

（2）掌握界面缩聚法制备尼龙-610 的方法。

二、实验原理

尼龙（简称 PA）是分子主链上含有重复酰胺基团—[NHCO]—热塑性树脂总称，包括脂肪族 PA、脂肪–芳香族 PA 和芳香族 PA。PA 具有良好的综合性能，包括力学性能、耐热性、耐磨损性、耐化学药品性和自润滑性，且摩擦系数低，有一定的阻燃性，易于加工，适于用玻璃纤维和其他填料填充增强改性，提高性能和扩大应用范围。PA 的品种繁多，有 PA-6、PA-66、PA-11、PA-12、PA-46、PA-610、PA-612、PA-1010 等，以及近几年开发的半芳香族尼龙 PA-6T 和特种尼龙等很多新品种。由于尼龙具有很多的特性，因此在汽车、电气设备、机械部件、交通器材、纺织、造纸机械等方面得到广泛应用。

尼龙-610 是半透明、乳白色结晶型热塑性聚合物，性能介于 PA-6 和 PA-66 之间，但相对密度小，具有较好的机械强度和韧性；吸水性小，因而尺寸稳定性好；耐强碱，比 PA-6 和 PA-66 更耐弱酸，耐有机溶剂，但也溶于酚类和甲酸中，属自熄性材料。作为重要的工程塑料，尼龙-610 可用于制作各种结构件，广泛用于机械制造（汽车用齿轮、衬垫、轴承、滑轮等）、精密部件、输油管、储油容器、传动带、仪表壳体、纺织机械部件等。

界面缩聚的基本反应是 Schotten-Baumann 反应，为低温常压下制备聚酰胺的方法之一，其反应式如下：

$$x\mathrm{H_2N(CH_2)}_n\mathrm{NH_2} + x\mathrm{ClOC(CH_2)}_m\mathrm{COCl} \longrightarrow [\mathrm{NH(CH_2)}_n\mathrm{NHCO(CH_2)}_m\mathrm{CO}]_x + 2x\mathrm{HCl}$$

将癸二酰氯溶于有机相（如四氯化碳及氯仿等），己二胺溶于水相，并在水中加入适量的碱作为酸的接受体，当互不相容的有机相和水相互接触时，在稍偏向有机相的界面处立即起缩聚反应，生成的聚合物不溶于任何一相而沉淀出来，产生的小分子（如氯化氢）被水中的碱中和，这是一种不可逆的非平衡缩聚反应。拉丝法界面缩聚是将界面处的薄膜拉起，或在高剪切速率下搅拌，不断移去旧界面，产生新界面而连续缩聚，直至其中一相反应物耗尽为止，如图 2-2 所示。

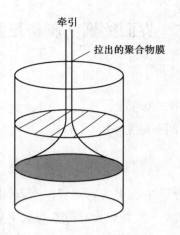

图 2-2　拉丝法界面缩聚示意图

二元酰氯是高反应活性的单体，二元胺上含有活泼氢，它们之间发生酰胺化反应的速度远大于二胺向有机相扩散的速度及二酰氯向界面扩散的速度，因此在界面处低聚物之间迅速反应成为高聚物，其聚合度的大小与界面处反应物浓度有关，与总的反应程度无关，也不严格要求反应物官能团之间应等当量，产物的分子量比一般熔融缩聚产物要高得多，而且无副反应。

三、主要药品与仪器

化学试剂：癸二酰氯、氢氧化钠、蒸馏水、四氯化碳、盐酸。

仪器设备：铁夹台及铁夹、烘箱、注射器（2~5 mL）、镊子、烧杯（200 mL）、温度计、精密天平（0.0001 g）、托盘天平、量筒（100 mL）、玻璃棒。

四、实验步骤

（1）向 200 mL 烧杯中依次加入 2.52 g（0.02 mol）的己二胺和 3.0 g（0.75 mol）氢氧化钠，溶于 50 mL 蒸馏水中，混合均匀。

（2）在另一只烧杯中加入 50 mL 四氯化碳，用注射器抽取 2.0 mL（2.24 g，0.009 mol）癸二酰氯溶于其中，混合均匀。

（3）将己二胺水溶液顺着烧杯内壁慢慢地倾入癸二酰氯的四氯化碳溶液中，此时在界面处立即形成聚酰胺薄膜。

（4）用干净的镊子轻轻拉出薄膜，将它绕在圆棒上，连续不断地拉出使其成为长线，直至癸二酰氯消耗完毕为止。

（5）用 3% 的稀盐酸水溶液洗涤尼龙线，再用水洗涤，晾干，于 80 ℃ 干燥 30 min 以上，得到白色的尼龙-610 长线，然后称重计算产率。

五、分析与思考

（1）界面缩聚的特点是什么？

（2）要得到高分子量的尼龙-610，在实验中应注意哪些问题？

（3）在水相中加入的碱偏少，对反应及产物有怎样的影响，为什么？

实验 6　不饱和聚酯预聚体的合成及交联固化

一、实验目的

（1）掌握交联和固化反应的基本原理和特点。

（2）熟悉不饱和聚酯的基本性能。

二、实验原理

不饱和聚酯是由不饱和的二元酸和饱和的二元醇，或者由饱和的二元酸和不饱和的二元醇通过聚酯化反应合成的线形预聚体。不饱和聚酯预聚体中所含的双键可与乙烯基单体如苯乙烯、（甲基）丙烯酸酯等发生自由基共聚反应而形成交联高分子。

合成不饱和聚酯常用的不饱和酸为顺丁烯二酸酐（马来酸酐），常用的二元醇包括乙二醇、丙二醇和一缩乙二醇等，此外，在体系中还常会加入一些饱和的二元酸来调节聚酯分子中双键的含量，如壬二酸、己二酸和邻苯二甲酸酐等。

不饱和聚酯预聚体通常用熔融聚合法制备，在聚合反应完成后，再加入活性稀释剂（如苯乙烯、丙烯酸酯类等）溶解配制成成品不饱和聚酯。为提高其稳定性，一般需加入阻聚剂。代表性的阻聚剂有对苯二酚、对苯二醌、叔丁基邻苯二酚等，通常添加 $100 \sim 2000 \ \mu g/g$。

不饱和聚酯的固化通过加入自由基引发剂引发双键聚合来实现。固化反应的温度取决于所用的引发剂，可分为常温、中温和高温三类。低温至常温下（小于 30 ℃）的固化反应一般选用氧化还原体系，最常用的氧化还原体系有酮过氧化物和钴、锰等的环烷酸盐或辛酸盐（如甲乙酮过氧化物+环烷酸钴）、二酰基过氧化物和叔胺（如过氧化苯甲酰 BPO+N，N-二甲基苯胺）、氢过氧化物（如叔丁基过氧化氢）和钒盐等；中温下（50~100 ℃）的固化反应一般可单独使用有机过氧化物或氧化还原体系，如酮过氧化物、氢过氧化物、二酰基过氧化物、过氧酯、过氧化缩酮等；高温下（100~120 ℃）的固化反应一般采用在常温下稳定、不易分解的过氧化物，包括过氧化缩酮、过氧酯和二烷基过氧化物。

不饱和聚酯应用广泛，如用作玻璃纤维增强塑料（即玻璃钢）、用于制造大型构件（汽车车身、小船艇、容器、工艺塑像等）；还可与无机粉末复合，用于制造卫浴用品、装饰板、人造大理石等。

三、主要药品与仪器

化学试剂：1,2-丙二醇、马来酸酐、邻苯二甲酸酐、对苯二酚、苯乙烯、过氧化苯甲酰（BPO）、N，N-二甲基苯胺。

仪器设备：搅拌器、回流冷凝管、温度计、分水器、磨口三通、恒温浴。

四、实验步骤

1. 预聚体的合成

在如图 2-3 所示的反应装置中加入 40 g 1,2-丙二醇、24.5 g 马来酸酐、37 g 邻苯二甲酸酐和 0.037 g 对苯二酚。加料完毕后，通过调节三通活塞交替抽真空、充氮气以排除聚合体系中的空气，之后在三通活塞上连接液封，以便观察氮气流速，然后在缓慢通氮气下（反应早期通氮气速度不可太快，否则会带出丙二醇）逐步加热升温到 80~90 ℃，此时反应混合物开始熔化并开始搅拌，继续升温至130 ℃后，减慢升温速度，在约 1 h 内逐步升温至 160 ℃。当反应瓶壁出现水珠时，表明酯化反应已经开始，保持在 160 ℃反应 1.5 h，升温至 190~200 ℃，适当加快通氮气速度，继续反应约 4 h 停止。

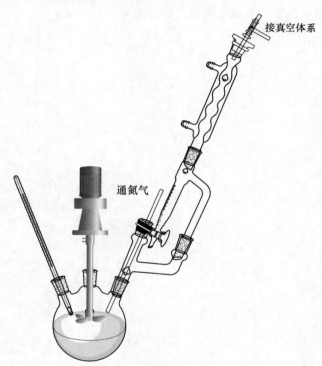

图 2-3　反应装置示意图

2. 不饱和聚合苯乙烯溶液的配制

在预聚体合成反应停止后，保持通氮气并搅拌，待体系温度冷却至约 90 ℃时，加入溶有 0.015 g 对苯二酚的 50 g 苯乙烯，搅拌均匀后立即冷却至室温。

3. 交联固化

在一干燥的 100 mL 烧杯中称取 10 g 上述的不饱和聚酯溶液，在搅拌下先加入 0.2 g BPO，搅拌均匀后，再加入 0.025 mL 新蒸的 N,N-二甲基苯胺搅拌均匀，30~40 min 后，反应混合物开始发热，表明交联聚合反应开始，约 1 h 后聚合物固化。

注：（1）反应初期，由于反应放热，反应温度会自动上升，因此需减缓加热速度以免引起冲料；

（2）反应终点可通过测定树脂的酸值而定，当酸值降至 50 左右时即可停止聚合反应。

五、分析与思考

合成不饱和聚酯的三种主要原料丙二醇（或乙二醇）、马来酸酐和邻苯二甲酸酐各自的作用是什么，应如何调节三者的组分比？

实验7　三聚氰胺–甲醛树脂的合成及层压板的制备

一、实验目的

（1）了解三聚氰胺–甲醛树脂的合成方法及层压板的制备。

（2）了解溶液聚合和缩合聚合的特点。

二、实验原理

三聚氰胺–甲醛树脂是氨基塑料的重要品种之一，由三聚氰胺和甲醛在碱性条件下缩合，通过控制单体组成和反应程度先得到可溶性的预聚体，该预聚体以三聚氰胺的三羟甲基化合物为主，在 pH 值为 8~9 时稳定，在热或催化剂的存在下可进一步通过羟甲基的脱水缩合反应形成交联聚合物：

$$
\text{三聚氰胺} \xrightarrow[\text{OH}^-]{\text{3HCHO}} \text{三羟甲基三聚氰胺} \xrightarrow[\text{OH}^-]{\text{3HCHO}} \text{N}(\text{CH}_2\text{OH})_2\text{衍生物}
$$

预聚反应的反应程度通过测定沉淀比来控制。预聚反应完成后，将棉布、纸张或其他纤维织物放入所得预聚体中浸渍、晾干，再经加热模压交联固化后，可得到各种不同用途的氨基复合材料制品。

三、主要药品与仪器

化学试剂：三聚氰胺、甲醛水溶液、六亚甲基四胺、三乙醇胺。

仪器设备：三颈瓶、搅拌器、温度计、回流冷凝管、恒温浴、滴管、量筒。

四、实验步骤

1. 预聚体的合成

在带有电动搅拌器、回流冷凝管和温度计的三颈瓶中分别加入 50 mL 甲醛水溶液和 0.12 g 六亚甲基四胺，搅拌使之充分溶解，再在搅拌下加入 31.5 g 三聚氰胺，继续搅拌 5 min 后，加热升温至 80 ℃开始反应，在反应过程中可明显地观察到反应体系由浊转清，在反应体系转清后 30~40 min 开始测沉淀比。当沉淀比达到 2∶2 时，立即加入三乙醇胺，搅拌均匀后撤去热浴，停止反应。

沉淀比测定方法如下：从反应液中吸取 2 mL 样品，冷却至室温，在搅拌下滴加蒸馏水，当加入 2 mL 水使样品变浑浊时，并且经摇荡后不转清，则沉淀比达到 2∶2。

2. 纸张（或棉布）的浸渍

将预聚物倒入一干燥的培养皿中，将 15 张滤纸（或棉布）分张投入预聚物中浸渍 1~2 min，注意浸渍均匀透彻，然后用镊子取出，并用玻璃棒小心地将滤纸表面过剩的预聚物刮掉，用夹子固定在绳子上晾干。

3. 层压

将上述晾干的纸张（或棉布）层叠整齐，放在预涂硅油的光滑金属板上，在油压机上于 135 ℃、4.5 MPa 压力下加热 15 min，打开油压机，稍冷后取出，即得坚硬、耐高温的层压塑料板。

五、分析与思考

本实验中加入三乙醇胺的作用是什么？

第三章　自由基聚合反应实验

实验 8　甲基丙烯酸甲酯的本体聚合

一、实验目的

（1）掌握自由基本体聚合的特点和实施方法。
（2）了解薄层聚合方法及基本原理。
（3）熟悉有机玻璃片的制备方法。

二、实验原理

由甲基丙烯酸甲酯单体和引发剂 AIBN，在加热条件下可聚合生成聚甲基丙烯酸甲酯，俗称有机玻璃。有机玻璃透明度高，具有一定的耐冲击强度和良好的耐温性能，是航空工业与光学仪器制造工业的重要原料。

$$n\text{CH}_2\!=\!\overset{\displaystyle |}{\underset{\displaystyle \text{CH}_3}{\text{C}}}\!-\!\text{COOCH}_3 \xrightarrow[\text{加热}]{\text{AIBN}} \left[\text{CH}_2\cdot\overset{\displaystyle \text{COOCH}_3}{\underset{\displaystyle \text{CH}_3}{\text{C}}}\right]_n$$

本体聚合又称块状聚合，是在没有任何介质存在下，单体本身在微量引发剂下聚合或者直接用热与光、辐射线照射引发聚合。该方法优点是生产过程比较简单，成品无需后处理，产品也比较纯净，这个优点对要求透明度或电性能好的聚合物是很重要的。各种规格的板棒、管材等制品均可直接聚合而成。但是自由基本体聚合中存在自动加速效应，聚合热不易排出，故造成局部过热，使聚合物分子量分布宽，产品变黄并产生气泡，导致聚合物破损，在灌模聚合中若控温不好，体积收缩不均，还有可能使聚合物光折射率不均匀和产生局部皱纹。

因此，本体聚合要求严格控制不同阶段的反应温度，随时排出反应热是十分重要的。工业生产中在反应配方和工艺选择上必须是引发剂浓度要低，反应温度不宜过高，聚合要分段进行，反应条件随不同阶段而异。现一般采用两段聚合，第一阶段保持较低转化率，这一阶段体系黏度较低，散热尚无困难，可在较大的反应器中进行；第二阶段转化率和黏度较大，可进行薄层聚合或在特殊设计的反应器内聚合。

三、主要药品与仪器

化学试剂：甲基丙烯酸甲酯（MMA）、偶氮二异丁腈（AIBN）。

仪器设备：铁夹台及铁夹、烘箱、电吹风、无机玻璃片（6 cm×6 cm）、玻璃小瓶（5 mL）、玻璃棒、锥形瓶、数显恒温水浴槽、标签纸、温度计、精密天平（0.0001 g）、量筒、球形冷凝管。

四、实验步骤

（1）用量筒准确量取 20 mL 甲基丙烯酸甲酯，再准确称取 40 mg 的偶氮二异丁腈依次加入洁净干燥的锥形瓶中，装配好球形冷凝管和温度计，在数显恒温水浴槽中 85～90 ℃ 温度下反应 30～60 min，使体系黏度达近似 1.5 倍甘油黏度时，立即冷水冷却，停止反应，即制得预聚浆液。该阶段应仔细观察预聚后期锥形瓶内体系的黏度变化，以免黏度激增发生暴聚而实验失败。

（2）将上述制得的预聚浆液一份涂于两块洁净干燥的无机玻璃片之间，然后在 95～100 ℃ 温度下反应 90～120 min，即可制得有机玻璃薄片。另一份预聚浆液倒入预先准备好的洁净干燥的玻璃小瓶中，并放有干燥的物件，盖紧瓶盖，贴好标签，放在指定位置，在室温下聚合 10 天以上，待体系固化后，再在 95～100 ℃ 温度下热处理 90～120 min，即可制得有机玻璃注塑件。

五、分析与思考

（1）在制备预聚浆液的反应阶段应如何避免暴聚现象出现？
（2）反应瓶和用作模具的无机玻璃材料为什么必须洁净干燥？

实验9　乙酸乙烯酯的溶液聚合

一、实验目的

（1）通过乙酸乙烯酯的溶液聚合，增强对溶液聚合的感性认识，进一步掌握溶液聚合的反应特点。

（2）通过本实验研究并掌握利用有机溶剂作为反应体系溶剂的注意事项和操作方法。

二、实验原理

溶液聚合是单体和引发剂在适当的溶剂中进行的聚合反应。根据聚合物在溶剂中溶解与否，溶液聚合又分为均相溶液聚合和非均相溶液聚合或沉淀聚合。聚乙酸乙烯酯是涂料、胶黏剂的重要成分之一，同时也是合成聚乙烯醇聚合物的前体。聚乙酸乙烯酯可由本体聚合、溶液聚合和乳液聚合等多种方法制备。通常涂料或胶黏剂用聚乙酸乙烯酯由乳液聚合合成，用于醇解合成聚乙烯醇的聚乙酸乙烯酯则由溶液聚合合成。能溶解乙酸乙烯酯的溶剂很多，如甲醇、苯、甲苯、丙酮、三氯乙烷、乙酸乙酯、乙醇等，由于溶液聚合合成的聚乙酸乙烯酯通常用来醇解合成聚乙烯醇，因此工业上通常采用甲醇作为溶剂，这样制备的聚乙酸乙烯酯溶液不需要进行分离就可直接用于醇解反应。

聚乙酸乙烯酯适用于制造维尼纶，相对分子质量的控制是关键。根据反应条件的不同，如温度、引发剂用量、溶剂等的不同，可得到相对分子质量从 2000 到几万的聚乙酸乙烯酯。聚合时，溶剂回流带走反应热，温度平稳，但由于溶剂引入，大分子自由基和溶剂易发生链转移反应使分子量降低。

本实验以甲醇为溶剂进行乙酸乙烯酯的溶液聚合。

三、主要药品与仪器

化学试剂：乙酸乙烯酯、偶氮二异丁腈、甲醇。

仪器设备：四口瓶、回流冷凝管、电动搅拌器、温度计、恒温水浴。

四、实验步骤

（1）在装有搅拌器、回流冷凝管、温度计的干燥洁净的 250 mL 四口瓶中，依次加入新精制过的乙酸乙烯酯 50 mL（密度为 0.9342 g/cm³）、0.20 g 偶氮二异丁腈和 25 mL 甲醇（密度为 0.7928 g/cm³），在搅拌下水浴加热，使其回流（水浴温度控制在 70 ℃左右），反应温度控制在 65 ℃左右。

（2）当反应物变为黏稠，转化率在 50%左右时，加入 20 mL 甲醇，使反应瓶中反应物稀释，然后将溶液缓慢倾入盛水的大搪瓷盘中，聚乙酸乙烯酯呈薄膜析出，待膜不黏结时，用水反复洗涤，晾干后，剪成碎片，放入烘箱内进行干燥，计算产率。

（3）测聚合转化率。取一个干净的培养皿在天平上称取质量，从烧杯中取出约 3 g 聚乙酸乙烯酯溶液，放于培养皿中称取质量，然后将装有聚乙酸乙烯酯溶液样品的培养皿放入烘箱，加热至 50 ℃干燥 4 h，使溶剂和未反应的单体挥发干净，测得聚合转化率。转化率 X 为：

$$X = \frac{W_3}{(W_2 - W_1) \times F} \times 100\%$$

式中，X 为转化率，%；W_1 为培养皿的质量，g；W_2 为培养皿和乙酸乙烯酯溶液的质量，g；W_3 为干燥后的乙酸乙烯酯质量，g；F 为单体投料比。

五、分析与思考

（1）引发剂应该是迅速加入还是缓慢滴加？
（2）溶液聚合的特点是什么？
（3）溶液聚合的特点及影响因素有哪些？
（4）本实验能否选用高效的引发剂，为什么？

实验 10　苯乙烯的悬浮聚合

一、实验目的

（1）学习悬浮聚合的实验方法，了解悬浮聚合的配方及各组分的作用。

（2）了解控制粒径的成珠条件及不同类型悬浮剂的分散机理、搅拌速度、搅拌器形状对悬浮聚合物粒径等的影响，并观察单体在聚合过程中的演变。

二、实验原理

悬浮聚合是烯类单体制备高聚物的重要方法之一，具有以下优点：由于水为分散介质，聚合热可以迅速排除，因而反应温度容易控制；生产工艺简单，制成的成品呈均匀的颗粒状，故又称为珠状聚合；产品不经造粒即可直接成形加工。

悬浮聚合是将单体以微珠形式分散于介质中进行的聚合。从动力学的观点看，悬浮聚合与本体聚合完全一样，每一个微珠相当于一个小的本体。悬浮聚合克服了本体聚合中散热困难的问题，但因珠粒表面附有分散剂，使纯度降低。当微珠聚合到一定程度，珠子内粒度迅速增大，珠与珠之间很容易碰撞黏结，不易成珠子，甚至黏成一团，因此必须加入适量分散剂，选择适当的搅拌器与搅拌速度进行分离。由于分散剂的作用机理不同，在选择分散剂的种类和确定分散剂用量时，要随聚合物种类和颗粒要求而定，如颗粒大小、形状、树脂的透明性和成膜性能等。同时也要注意合适的搅拌强度和转速、水与单体比等。

本实验要求聚合物体具有一定的粒度，粒度大小通过调节悬浮聚合的条件来实现。

三、主要药品与仪器

化学试剂：苯乙烯、聚乙烯醇、过氧化二苯甲酰（BPO）、去离子水。

仪器与设备：表面皿、吸管、移液管、搅拌电机、水浴、布氏漏斗、搅拌器。

四、实验步骤

聚合反应装置如图 3-1 所示，为保证搅拌速度均匀，整套装置安装要规范，尤其是搅拌器安装后，需用手转动，确保阻力小、转动轻松自如。

用分析天平准确称取 0.3 g BPO 放于 100 mL 锥形瓶中，再用移液管按配方量取苯乙烯加入锥形瓶中，轻轻振动，待 BPO 完全溶解于苯乙烯后将溶液转移至三口瓶中，随后向三口瓶中再加入 20 mL 1.5% 的聚乙烯醇溶液。然后用 130 mL 去离子水分别冲洗锥形瓶和量筒中残留物质后一并转移至三口瓶中。

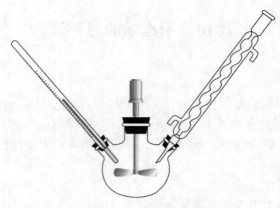

图 3-1 聚合反应装置

启动搅拌器并控制在一恒定转速，在 20～30 min 内将温度升至 85～90 ℃开始聚合反应。

在整个过程中除了要控制好反应温度，关键是要控制好搅拌速度。搅拌速度如果忽快忽慢或者停止都会导致颗粒粘在一起，或粘在搅拌器形成结块，致使反应失败。所以反应中一定要控制好搅拌速度。可在反应后期将温度升至反应温度上限，以加快反应，提高转化率。

反应 1.5～2 h 后，可用吸管吸取少量颗粒于表面皿中进行观察，如颗粒变硬发脆，可结束反应。

停止加热，撤出加热器，边搅拌边用冷水将聚合体系冷却至室温，然后停止搅拌，取下三口瓶。产品用布氏漏斗滤干，并用热水洗数次，最后产品在鼓风干燥箱烘干（50 ℃），称重并计算产率。

五、分析与思考

（1）结合悬浮聚合理论，说明苯乙烯悬浮聚合配方中各种组分的作用。如改为苯乙烯的本体聚合或乳液聚合，该配方需做哪些改动，为什么？

（2）分散剂作用原理是什么，如何确定其用量，改变用量会产生什么影响？如不用聚乙烯醇可用什么替代？

（3）悬浮聚合对单体有何要求，聚合前单体应如何处理？

实验 11　乙酸乙烯酯的乳液聚合（白乳胶的制备）

一、实验目的

（1）了解乙酸乙烯酯乳液聚合的基本原理和特点。

（2）掌握乙酸乙烯酯乳液聚合的实验技术。

二、实验原理

乳化剂分子具有两亲性的化学结构，分子两端分别是亲水基和疏水基，能使油（单体）均匀、稳定地分散在水中而不分层。乳化剂溶液浓度达到一定值时，乳化剂分子开始形成胶束，该浓度称为临界胶束浓度，此时溶液的许多物理性质都有突变。大多数乳液聚合反应体系中，乳化剂的浓度为 2%～3%，超过临界胶束浓度值的 1～3 个数量级。乳化剂能够降低界面张力，使单体容易分散成小液滴，在微粒表面形成保护层，阻止微粒凝聚；大量胶束的存在还可以增溶单体。

常见的乳化剂可分为阴离子型、阳离子型和非离子型。阴离子型乳化剂在碱性溶液中稳定，遇酸和金属离子会生成不溶于水的酸或金属盐，使乳化剂失效。阳离子型乳化剂乳化能力差，且影响引发剂分解，在 pH 值小于 7 的条件下适用。非离子型乳化剂的亲水部分为聚乙二醇链段，它常与阴离子乳化剂配合使用，可以提高乳液的抗冻能力，改善聚合物粒子的大小和分布。不同单体在水中的溶解度不一样，如乙酸乙烯酯、甲基丙烯酸甲酯、丁二烯和苯乙烯在水中的溶解度分别为 2.5%、1.50%、0.08% 和 0.04%，这会影响乳液的聚合反应，如水溶性高的单体，乳胶粒的均相成核可能性增加，水相聚合概率也上升，乳胶粒中的短链自由基也易于脱吸附。对于大多数单体而言，仅小部分溶解在水中，另有小部分增溶于胶束中。甲基丙烯酸甲酯、丁二烯和苯乙烯的增溶部分分别是水溶部分的 2.5 倍、5 倍和 40 倍，乙酸乙烯酯却只有百分之几。在微乳液聚合中，因乳化剂用量极高，几乎所有的单体被增溶在胶束里，形成 20 nm 左右的增溶胶束。

乙酸乙烯酯乳液聚合机理与一般乳液聚合机理相似，但是乙酸乙烯酯在水中有较高的溶解度，而且容易水解，产生的乙酸会干扰聚合，因而具有一定的特殊性。乙酸乙烯酯的自由基比苯乙烯自由基更活泼，链转移反应更显著。工业生产中习惯用聚乙烯醇来保护胶体，实际上常常同时使用乳化剂，以起到更好的乳化效果和稳定性。乙酸乙烯酯乳液聚合的产物被称为白乳胶（或简称 PVAc 乳液），为乳白色稠厚液体。白乳胶可常温固化，且固化较快，对木材、纸张和织物有很好的黏着力，胶接强度高，固化后的胶层无色透明，韧性好，不污染被黏接物，广泛用于印刷装订和家具制造，还可用作纸张、木材、布、皮革、陶瓷等的黏合剂。乳液稳定性好，储存期可达半年以上。白乳胶耐水性和耐湿性差，易在潮湿空气中吸湿，在高温下使用会产生蠕变现象，使胶接强度下降，在-5 ℃以下储存易冻结。

采用聚乙烯醇作为胶体稳定剂，乳化剂 OP-10 起到辅助作用，使用过硫酸盐作为引发剂，通过分批加入单体和引发剂，可制备出实用的白乳胶。

三、主要药品与仪器

化学试剂：聚乙烯醇、乙酸乙烯酯、过硫酸铵、碳酸氢钠、邻苯二甲酸二丁酯。

仪器设备：机械搅拌器、回流冷凝管、温度计、三口瓶、滴液漏斗、蒸馏装置。

四、实验步骤

如图 3-2 所示，在三口瓶上装配好机械搅拌器、回流冷凝管、滴液漏斗和温度计，加入 3.0 g 聚乙烯醇和 32.2 mL 蒸馏水，升温至 80 ℃，开始搅拌，使聚乙烯醇完全溶解，然后降温至 60 ℃。

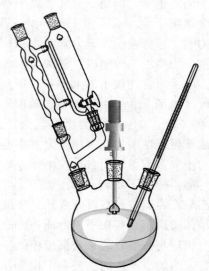

图 3-2　白乳胶合成实验装置

量取 1.3 mL 邻苯二甲酸二丁酯加入反应体系中，升温至 67 ℃，量取 3 mL 过硫酸铵水溶液（6 mg/mL）置于三口瓶中，在 66~68 ℃、55 min 内缓慢滴加 30.0 mL 单体，并保持搅拌；补加 1 mL 引发剂溶液，继续反应 18 min，如观察体系黏度不是很大时，继续补加 1 mL 引发剂溶液，加热至无回流现象时停止加热；然后加入 3 mL 邻苯二甲酸二丁酯，常压蒸馏，得最终产物。该白色乳液可直接作为黏合剂使用，也可加入水稀释并混入色料制成各种油漆（乳胶漆）。

取少量白色乳胶倾倒于洁净的玻璃板表面，观察其成膜性。取两张小牛皮纸，将白乳胶均匀涂敷在表面，观察白乳胶对牛皮纸的粘接性；取两块表面光滑的木块涂敷白乳胶，观察白乳胶对木材的粘接性。当白乳胶在玻璃板表面形成均匀薄膜，对纸和木块有很好的粘接性，说明所制得的白乳胶符合实用要求。

取少量白乳胶最终产物，测定固含量和单体转化率。

五、分析与思考

（1）以过硫酸盐作为引发剂进行乳液聚合时，为什么要控制乳液的 pH 值，如何控制？

（2）乙酸乙烯酯的乳液聚合与理想乳液聚合有哪些不同？

（3）查阅资料，了解非离子型乳化剂的种类及其分子结构。

（4）为什么本实验使用聚乙烯醇作为表面活性物质，使用离子型乳化剂是否可行，为什么？

（5）本实验中，加入邻苯二甲酸二丁酯的目的是什么？

实验 12　苯乙烯的分散聚合

一、实验目的

（1）了解分散聚合的原理和特点。
（2）掌握制备单分散、大粒径聚合物粒子的方法。

二、实验原理

制备高分子颗粒的方法有多种，包括物理法和化学法。物理法是直接利用聚合物溶液的相分离和微相分离，如均聚物在表面活性物质存在下的沉淀，两亲性嵌段共聚物在选择性溶剂中的自组装等。化学法则利用非均相的聚合，如乳液聚合和悬浮聚合，分散聚合也是制备高分子粒子的常用方法。

在分散聚合中，溶解于反应介质中的单体进行聚合而生成不溶的聚合物，通过吸附亲溶剂的聚合物（分散剂）或与之形成接枝共聚物而形成稳定的乳胶态分散体系。它是一种特殊的沉淀聚合，聚合初期体系是均相的，当聚合物分子量达到一定值后将从聚合体系中析出，在分散剂的稳定下形成乳胶粒子。体系的稳定性来源于聚合物粒子表面的两亲性高分子分散剂，其作用本质是立体稳定作用。分散剂通常含有溶于反应介质的链段（稳定链段）和能与聚合物溶混的链段（锚定链段），稳定链段伸展于反应介质中，锚定链段吸附于乳胶粒表面或缠结于粒子内部。这两种结构可以事先制备好，也可以通过单体与分散剂发生接枝共聚来形成。分散聚合形成的乳胶粒子，其粒径在微米量级，粒径分布均匀，因颗粒较大，胶乳易发生凝聚。分散聚合的典型配方是：40%~60%（质量分数）的反应介质、30%~50%（质量分数）的单体、3%~10%（质量分数）的分散剂、单体 1%（质量分数）左右的引发剂及助分散剂等添加剂。

在分散聚合中，初级乳胶粒是通过均相成核形成的，随后单体被吸入其中，聚合反应主要在乳胶粒中进行，动力学行为与本体聚合相似。与常规乳液聚合相比，分散聚合的聚合速率对乳胶粒尺寸、数目的依赖程度不尽相同，聚合速率与乳胶粒总体积成正比，聚合的动力学行为与单体在乳胶粒相和分散介质相的分布系数有关系。分散聚合的乳胶粒粒径和分布受溶剂的溶度参数、分散剂种类和用量、引发剂的种类和用量及助分散剂等多种因素的影响，在适当条件下可获得尺寸在几微米、粒径分布很窄的聚合物粒子。

粒径单分散的聚合物粒子可以作为液晶显示中的间距保持物，将其置于显示器件之中，以准确控制和保持液晶层厚度，提高液晶显示的清晰度。在分析化学中，可以作色谱填料，提高分离效果及检测精确度，实现蛋白质、肽及核苷酸快速而准确地分离和检测。粒径单分散的聚合物粒子还可形成规整的晶格结构，作为光子晶体使用。

本实验以聚乙烯吡咯烷酮作为分散剂，正十二醇作为助稳定剂进行苯乙烯的分散聚合，制备出 1 mm 左右的聚苯乙烯单分散粒子。

三、主要药品与仪器

化学试剂：苯乙烯（精制）、偶氮二异丁腈、聚乙烯吡咯烷酮（PVP K-30）、正十二醇、乙醇、蒸馏水。

仪器设备：机械搅拌器、回流冷凝管、温度计、三颈烧瓶、通氮气系统。

四、实验步骤

取 80 mL 乙醇和 10 mL 蒸馏水加入 250 mL 三颈烧瓶中，反应瓶上装配回流冷凝管、机械搅拌通氮气导管和温度计，加入 1.00 g 分散剂 PVP K-30 和 0.5 mL 助分散剂正十二醇，搅拌使其溶解，通氮除氧 10 min，升温至 60 ℃。取 143 mg 偶氮二异丁腈溶解于 10 g 苯乙烯中并加入反应体系。反应开始时单体与反应介质互溶形成均相体系，10 min 左右体系开始变浑，表明已经有乳胶粒形成，然后在反应体系中继续通氮气聚合 20 h 得到白色稳定乳胶，取少量乳胶测定其固含量，进一步求出单体转化率。

取 10 mL 乳胶用离心机分离，倾去上层清液，加入 10 mL 乙醇，超声混合 5 min，再进行离心分离，如此操作 3~4 次以除去分散剂；然后用乙醇重新分散，并稀释至适当浓度，将少许乳胶滴于洁净载玻片上，自然干燥后先用 640 倍光学显微镜观察样品制备情况，再用 HitachiX-650 型扫描电子显微镜观察并照相。

五、分析与思考

（1）查阅文献，了解分散聚合的特点，分析分散介质、引发剂和分散剂对乳胶粒子粒径及其分布的影响。

（2）如何用显微镜准确测定聚合物粒子的大小？

（3）与其他方法相比，分散聚合制备的聚合物分子量大小如何，为什么？

实验 13　膨胀计法测定苯乙烯自由基聚合速率

一、实验目的

（1）掌握膨胀计法测定聚合反应速率的原理和方法。

（2）验证聚合速率与单体浓度的动力学关系式，求得平均聚合速率。

二、实验原理

聚合动力学主要是研究聚合速率、分子量与引发剂浓度、单体浓度、聚合温度等因素间的定量关系。连锁聚合一般可分成三个基元反应：引发、增长、终止。若以引发剂引发，其反应式及动力学如下：

引发：$\text{I} \xrightarrow{k_d} 2\text{R} \cdot \quad \text{R} \cdot + \text{M} \longrightarrow \text{M} \cdot \quad R_i = 2fk_d c_I$

增长：$\text{M} \cdot_n + \text{M} \xrightarrow{k_p} \text{M} \cdot_{n+1} \qquad R_p = k_p c_M \cdot c_M$

终止：$\text{M} \cdot_m + \text{M} \cdot_n \xrightarrow{k_t} p \qquad R_t = k_t c_M^2$

式中，I、M、R·、M·、p 分别为引发剂、单体、初级游离基或聚合物游离基、增长自由链基及无活性聚合物；R_i、R_p、R_t、k_d、k_p、k_t 分别为各步反应速率及速率常数；f 为引发效率。

聚合速率可以用单位时间内单体消耗量或者聚合物生成量来表示，即聚合速度应等于单体消失速度，只有增长反应才消耗大量单体，因此也等于增长反应速率。在低转化率下，稳态条件成立，$R_i = R_t$，则聚合反应速率为：

$$-\frac{dc_M}{dt} = k_p \left(\frac{fk_d}{k_t} \right)^{1/2}$$

$$c_I^{1/2} M = K c_I^{1/2} M$$

式中，K 为聚合反应总速率常数。

单体转化为聚合物时，由于聚合物密度比单体密度大，体积将发生收缩。根据聚合时的体积变化，可以计算反应转化率。聚合速率的测定方法有直接法和间接法两类。直接法有化学分析法、蒸发法、沉淀法。最常用的直接法是沉淀法，即在聚合过程中定期取样，加沉淀剂使聚合物沉淀，然后分离、精制、干燥、称重，求得聚合物量。间接法是测定聚合过程中比容、黏度、折光率、介电常数、吸收光谱等物性的变化，间接求其聚合物的量。膨胀计法的原理是利用聚合过程中体积收缩与转化率的线性关系。膨胀计是上部装有毛细管的特殊聚合器，体系的体积变化可直接从毛细管液面下降读出，根据下式计算转化率：

$$C = \frac{V'}{V} \times 100\%$$

式中，C 为转化率；V' 为不同反应时间 t 时体系体积收缩数，从膨胀计的毛细管刻度读出；V 为该容量下单体 100% 转化为聚合物时体积收缩数。

$$V = V_M - V_P = V_M - V_M \frac{d_M}{d_P}$$

式中，d 为密度；下标 M、P 分别为单体和聚合物。

本实验以过氧化二苯甲酰（BPO）引发甲基丙烯酸甲酯（MMA）在 60 ℃ 下聚合。MMA 在 60 ℃ 的密度为 0.8957 g/cm³，聚甲基丙烯酸甲酯（PMMA）的密度为 1.179 g/cm³。

三、主要药品与仪器

化学试剂：苯乙烯（已纯化）、偶氮二异丁腈（已纯化）、苯。
仪器设备：膨胀计（使用前经铬酸洗液、蒸馏水依次洗涤，干燥）、恒温水浴、锥形瓶。

四、实验步骤

（1）称取 50 mg 偶氮二异丁腈加入 100 mL 锥形瓶中，再加入 10~15 mL 苯乙烯，轻轻振摇使引发剂溶解，通过玻璃导管通入氮气 10 min，除去单体中的氧气。取该溶液装满膨胀计下部的容器，再装配好上部带刻度的毛细管，单体液柱即沿毛细管上升，然后将膨胀计上、下两部分固定和密封好，溢出的液体用滤纸擦去。

（2）将毛细管垂直固定在夹具上，让下部容器浸于设定温度的水浴中，毛细管部分伸出水外以便读数。开始由于单体受热膨胀，毛细管液面上升，当达到热平衡时液面稳定不动，记下液面刻度。当液面下降时，聚合反应开始，记该时刻为起始时刻 t_0。以后每隔一定时间记录一次，1 h 后结束读数。聚合温度越高，记录间隔时间宜越短，聚合起始阶段应该多记录数据。

（3）从恒温水浴中取出膨胀计，将反应液倒入回收瓶中，用少量苯洗涤容器和毛细管，共 3 次，回收得反应液。

（4）数据处理。
单体起始浓度 c_{M_0} 计算公式如下：

$$c_{M_0} = \frac{d_M}{M} \times 10^{-3}$$

式中，d_M 为单体密度；M 为单体的摩尔质量。
单体完全聚合时体系的体积收缩量计算如下：

$$\Delta V_\infty = V_M - V_P = \left(1 - \frac{d_M}{d_P}\right) V_M$$

$$V_M = V_{50}(50 - h_0)A$$

式中，V_M 和 V_P 分别为参加反应单体的体积和单体全部聚合后聚合物的体积；d_M 和 d_P 分别为单体和聚合物的密度；V_{50} 为膨胀计下部容器及毛细管刻度 50 处的总体积，需要事先标定；A 为毛细管的截面积，需要事先标定。

聚合过程中体系的体积收缩量 ΔV 计算如下：

$$\Delta V = (h_0 - h_t)A$$

式中，h_0 和 h_t 分别为起始时刻和 t 时刻毛细管的刻度。

得出以上数据后进行列表和作图。

五、分析与思考

（1）如何标定毛细管刻度 50 处的总体积和毛细管的截面积？

（2）自由基聚合动力学方程推导使用了哪些假定？

（3）汇总各组实验数据，确定测定结束时的单体转化率，计算聚合速率总活化能。

（4）如何确保膨胀计的容器和毛细管之间结合的密实性？

实验14 醋酸乙烯酯−丙烯酸酯的乳液共聚合

一、实验目的

（1）了解乳液共聚合反应的基本方法和特点。
（2）掌握醋酸乙烯酯−丙烯酸酯乳液共聚原理及配方中各组分作用。
（3）了解醋酸乙烯酯的改性方法。

二、实验原理

由于聚醋酸乙烯酯性能较差，因此可以通过共聚来改善其性能。通常采用少量的丙烯酸酯与其共聚，得到的醋酸乙烯酯−丙烯酸酯共聚合乳液性能较为优良，可以作为中档涂料使用。

共聚采用主单体（第一单体）和次单体（第二单体）在乳化剂和引发剂作用下，共聚合成水包油形式的水剂型乳液聚合物。聚合反应式如下：

$$m\mathrm{H_2C{=}CH} \quad + \quad n\mathrm{H_2C{=}CH} \quad \longrightarrow \quad {\underbrace{\mathrm{CH_2 \cdot CH}}_{|}}_m {\underbrace{\mathrm{CH_2 \cdot CH}}_{|}}_n$$
$$\quad\;\; | \qquad\qquad\qquad\quad | \qquad\qquad\qquad\qquad | \qquad\qquad\quad |$$
$$\mathrm{OCOCH_3} \qquad\qquad \mathrm{COOCH_3} \qquad\qquad\quad \mathrm{OCOCH_3} \qquad \mathrm{COOCH_3}$$

三、主要药品与仪器

化学试剂：丙烯酸丁酯、醋酸乙烯酯、十二烷基苯磺酸钠、聚乙烯醇、过硫酸铵、蒸馏水。

仪器设备：四口反应瓶、电动搅拌器、回流冷凝管、搅拌器、滴液漏斗、恒温水浴锅、温度计。

四、实验步骤

在装有搅拌器、回流冷凝管的四口反应瓶中依次加入40 g蒸馏水、聚乙烯醇2 g和十二烷基苯磺酸钠2.5 g并开始搅拌，升温至85~90 ℃，待加入的物料全部溶解后，降温至60 ℃以下。

将预先配制好的46 mL醋酸乙烯酯和4 mL丙烯酸丁酯混合单体取其中的5 mL加入四口反应瓶中，再配制过硫酸铵0.25 g加10 g蒸馏水，摇动或稍加热使之全部溶解后，将其中的1/4量加入四口反应瓶中，升温至82 ℃，反应15 min后，将剩余的醋酸乙烯酯−丙烯酸丁酯混合单体倒入滴液漏斗，控制在90 min滴加完毕（约1滴/s的速度），其中在滴加到30 min和60 min时分别加入1/2量的剩余过硫酸铵水溶液。注意在加完过硫酸铵水溶液和醋酸乙烯酯−丙烯酸丁酯混合单体后，应分别用5 g左右的蒸馏水洗涤盛装的容器，并将之加入四口反应瓶中。

当混合单体滴加完毕后，升温至 90 ℃继续反应 10～20 min 后停止反应，继续搅拌使反应体系开始降温。当反应物料温度降至 50 ℃以下时，停止搅拌，出料。称量后，测产物的 pH 值，滴加氨水使体系呈中性，然后再测产物黏度，计算产物的固体含量。

五、分析与思考

（1）分别写出本共聚合实验中的主单体、次单体、乳化剂、引发剂。为什么要加入第二单体，而加入的第二单体量又如此之少？

（2）为什么反应中混合单体和过硫酸铵水溶液不是一次加入，而是先加入少量然后采用滴加和分批加入？

（3）试叙述反应过程中搅拌速度快慢和温度高低对本实验的影响情况。

实验 15　苯乙烯–马来酸酐的共聚合反应及共聚物的皂化反应

一、实验目的

（1）了解沉淀聚合反应方法。
（2）了解交替共聚物及其制备的一种方法。
（3）制备苯乙烯和马来酸酐（顺丁烯二酸酐）交替共聚物的皂化产物。

二、实验原理

对连锁聚合而言，两种或两种以上单体一起进行聚合，生成的聚合物主链中含有两种或两种以上的单体结构单元（链节），该聚合物称为共聚物。用以制备共聚物的反应称为共聚（合）反应，由两种单体参加的共聚反应称为二元共聚，两种以上单体参加的共聚反应称为多元共聚反应。

由单体 A 和单体 B 生成的共聚物，按分子链中单体链节的排列方式可分为四类：

```
无规共聚物 ∿∿∿ AAABBAAABAABBBBAABAABB ∿∿∿

交替共聚物 ∿∿∿ ABABABABABABABABABABAB ∿∿∿

嵌段共聚物 ∿∿∿ AAAAAAAABBBBBBBBHAAAAAAA ∿∿∿

接枝共聚物 ∿∿∿ AAAAAAAAAAAAAAAAAAAAAAAA ∿∿∿
                               |
                           BBBBBBB∿∿∿
```

马来酸酐由于空间位阻较大，很难自聚，但却能与苯乙烯形成交替得到很好的共聚物，原因在于马来酸酐受强吸电子基团的影响，使双键带正极性，而苯乙烯却因共轭效应能给出电子，双键成为负极性，因此容易形成稳定的正负极相吸的过渡状态。所得的交替共聚物是一种优良的悬浮分散剂和絮凝剂。

高分子本身也能进行许多化学反应，聚合物的这些反应，或是保持聚合物骨架不变，只涉及取代基上的官能团反应，因此不改变平均聚合度；或是在反应进行时间同时发生分子链的降解。聚合物主链保持不变的转化反应称为相似聚合物转化。这一反应在工业上得到重要应用，如将聚醋酸乙烯酯通过皂化反应制备聚乙烯醇，而乙烯醇单体是不存在的；又如各种离子交换树脂的制备等。许多情况下，相似聚合物转化和分子链的降解反应可能会同时发生，但通过选择适当的反应条件，仍可将断链反应控制到较小甚至不发生的程度。

苯乙烯和马来酸酐交替共聚物是悬浮聚合良好的分散剂，也可用作皮革的鞣剂。在这些应用中，必须将酸酐基团转化为羧基或/及其盐。本实验通过水解皂化反应，将苯乙烯和马来酸酐共聚物转化为相应的羧基共聚物，反应式如下：

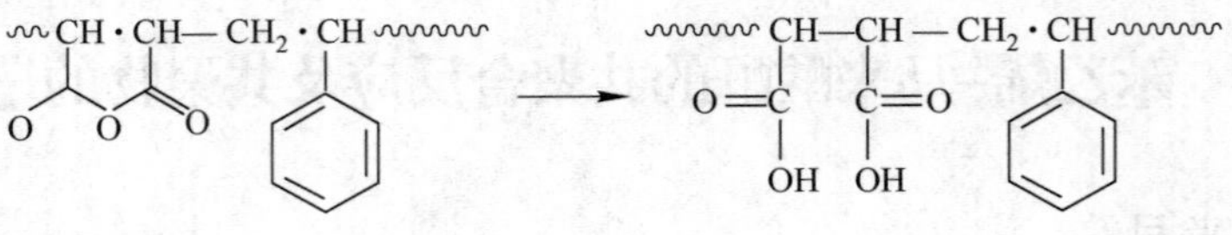

三、主要药品与仪器

化学试剂：甲苯、苯乙烯、马来酸酐、过氧化二苯甲酰（BPO）（重结晶）或偶氮二异丁腈（AIBN）。

仪器设备：三颈烧瓶、搅拌器、温度计、水浴、真空干燥箱。

四、实验步骤

1. 共聚反应

在装有搅拌器、温度计及回流冷凝管的三颈烧瓶中分别加入 75 mL 甲苯、5.2 g 新蒸的苯乙烯、4.8 g 马来酸酐及 0.05 g BPO，将反应混合物在 40~50 ℃ 水浴温度下进行搅拌，直到全部溶解成透明溶液，继续搅拌，将冷凝管通入冷却水，同时把反应物在水浴上加热到沸腾（约（90±2）℃），此时共聚物逐渐沉淀出来，1 h 后停止反应，反应物冷却到室温进行过滤，并在真空下（60~80 ℃）干燥得到白色粉状产物，称重，计算产率。

2. 聚合物的皂化反应

在装有搅拌器和回流冷凝管的 250 mL 圆底烧瓶中装入 4 g 苯乙烯–马来酸酐共聚物和 100 mL 2 mol/L（8%）的氢氧化钠溶液，加热至沸腾（直接用加热套加热），然后回流 1 h，使聚合物完全溶解，成为透明溶液。

将反应物冷却，取其中 1/4 倾入 250 mL、2 mol/L（7%）盐酸中沉淀出聚合物，澄清后，抽滤，干燥，得到含羧基的聚合物。苯乙烯–马来酸酐共聚物与酸酐共聚物不同，可溶于热水，其水溶液明显呈酸性。

五、分析与思考

（1）何谓沉淀聚合？

（2）本实验显示的沉淀聚合的特征是什么？

（3）沉淀聚合对聚合物的分子量是否有影响？

（4）实验用的苯乙烯为什么要新蒸？

（5）苯乙烯–马来酸酐共聚物还可进行哪些相似聚合度转化反应？

（6）如果将本实验所用的氢氧化钠改换为氢氧化铵或有机胺，可行吗？

第四章　离子型聚合和开环聚合实验

实验16　苯乙烯的阳离子聚合

一、实验目的

（1）了解阳离子聚合的机理和特点。
（2）掌握阳离子聚合实验的基本方法。

二、实验原理

阳离子聚合（又称正离子聚合）是指生长链活性中心为阳离子的聚合，是离子型聚合的一种类型。

能进行阳离子聚合的单体包括有强推电子取代基的乙烯基单体（异丁烯、乙烯基醚等）、有共轭效应基团的单体（苯乙烯、丁二烯等）和含氧、氮杂原子的环状化合物（三聚甲醛、四氢呋喃等）。阳离子聚合反应所用催化剂是亲电试剂，它们都是电子接受体。根据化学结构不同，可分为以下四大类：

（1）含质子酸，如 $HClO$、HSO_4 和 HPO_4 等；
（2）Lewis 酸及其配位化合物，如 BF_3、$BF_3\text{-}O(C_2H_5)_2$、$AlCl_3$ 等；
（3）有机金属化合物，如 $AlEt_3$、$AlEt_2Cl$ 等；
（4）其他，如 I_2 和 $Ph_3C^+SbF_6^-$ 等。

当用 Lewis 酸作催化剂时，除乙烯基醚类单体，其他烯类单体必须加助催化剂（如水、醇和卤代烷烃等）才能发生阳离子聚合反应，如当用醇作助催化剂时，它与 Lewis 酸生成络合物，后者会分离出能引发聚合的阳离子：

$$BF_3 + ROH \longrightarrow \left[BF_3\overset{\overset{\displaystyle H}{|}}{-}O-R \right] \rightleftharpoons BF_3-OR^- + H^+$$

阳离子聚合的溶液有卤代烷烃（如三氯甲烷和二氯乙烷等）、烃（如苯和己烷等）及硝基化合物（如硝基苯和硝基甲烷等）。凡是易与增长的阳离子发生反应的溶剂（如醚、酮和二甲基甲酰胺等）均不能用于阳离子聚合，水也不能做溶剂。

本实验选用三氟化硼-乙醚溶液作为催化剂引发苯乙烯进行阳离子聚合反应，其基元反应如下：

链引发：

$$BF_3+(C_2H_5)_2 \longrightarrow [BF_3\cdots\overset{C_2H_5}{\underset{}{O}}-C_2H_5] \rightleftharpoons BF_3\cdots OC_2H_5^- +C_2H_5^+ \quad [C_2H_5^+(F_3B\cdot OC_2H_5)^-]$$

$$C_2H_5^+(F_3B\cdot OC_2H_5)^- +H_2C=\underset{\text{（苯基）}}{CH} \longrightarrow C_2H_5CH_2\cdot CH^+(F_3B\cdot OC_2H_5)^-$$

链增长：

$$C_2H_5CH_2CH^+(F_3B\cdot OC_2H_5)^- + n\ H_2C=CH \longrightarrow C_2H_5(CH_2\cdot CH)_n\cdot CH_2\cdot CH^+(F_3B\cdot OC_2H_5)^-$$

链终止：

$$C_2H_5(CH_2\cdot CH)_n\cdot CH_2\cdot CH^+(F_3B\cdot OC_2H_5)^- \longrightarrow C_2H_5(CH_2\cdot CH)_n\cdot CH=CH + H^+(F_3B\cdot OC_2H_5)^-$$

链终止反应形式各样，影响因素也复杂，上述机理中以一种情况为例来说明。

阳离子聚合对杂质极为敏感，杂质或对反应起助催化作用，或对反应起阻聚作用，此外，杂质还能起链转移或终止作用。因此阳离子聚合在工业生产中的应用实例很少，丁基橡胶的生产为其应用的一个实例。

三、主要药品和仪器

化学试剂：苯乙烯、三氟化硼–乙醚（$BF_3O(C_2H_5)_2$）溶液、苯、高纯氮（99.99%）、甲醇。

仪器设备：圆底烧瓶（50 mL）、注射器和针头、真空油泵。

四、实验步骤

将一干净烘干的圆底烧瓶趁热取出并塞上翻口橡皮塞，然后抽空，充氮，交替进行三次后，用注射器依次加入 8 mL 苯和 10 mL 苯乙烯，在 20 ℃以下加入 0.2 mL、6.3%的 $BF_3O(C_2H_5)_2$ 溶液，轻轻摇动烧瓶，使反应物混合均匀，当感到烧瓶有些烫手时，应立即把烧瓶浸入事先预备好的冷水中，使体系温度降至约 0 ℃，待反应平稳后，放置 1~2 h，得透明黏稠溶液。然后将聚合物溶液倒入盛有 50 mL 甲醇的烧杯中，边倒边搅。倒完后，用 5 mL 苯冲洗烧瓶，冲洗液也一并倒入甲醇中。搅拌一段时间后，聚合物呈疏松沉淀析出，用布氏漏斗抽滤，晾干后放入烘箱中约 80 ℃烘至恒重，计算产率。

实验注意事项如下。

（1）必须仔细地精制和干燥所用的所有原料和仪器。

（2）用高纯氮（99.99%）必须保护。

（3）反应体系需保持无水无氧状态。

（4）化学纯三氟化硼-乙醚溶液中 BF_3 含量为 46.8%～47.8%，临使用前应在氮气保护下用苯稀释至 6.3%。另外，在其久置后颜色变得较深时要重新蒸馏，收集 124～126 ℃馏分。

（5）加入催化剂时体系温度以低于 20 ℃为宜。

五、分析与思考

为什么助催化剂的用量要尽量少？

实验 17　三聚甲醛阳离子开环聚合

一、实验目的

（1）了解阳离子开环聚合机理特点。
（2）通过开环聚合制备聚甲醛。

二、实验原理

三聚甲醛（甲醛的环状三聚体）能在阳离子引发剂如三氟化硼乙醚络合物等 Lewis 酸作用下发生阳离子开环聚合，生成聚甲醛。聚甲醛是一种结晶性的热塑性工程塑料，广泛用于制备各种机械、化工、电气、仪表等的构件。

三聚甲醛的阳离子开环聚合反应机理如下：

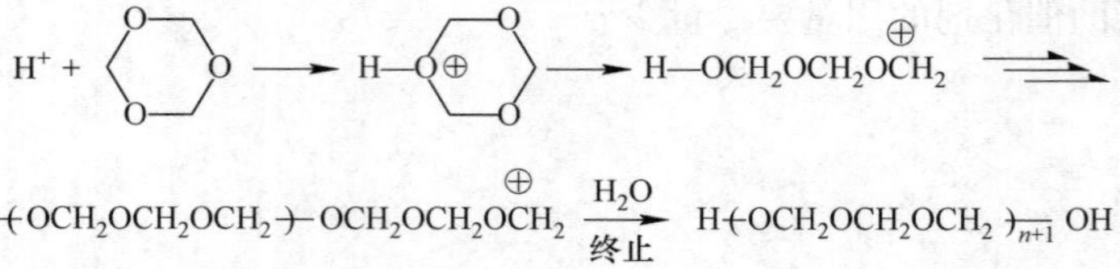

由于生成的聚甲醛溶解性很差，因此三聚甲醛的开环聚合无论是在本体还是在溶液中都是非均相过程，所得聚合物分子链的末端基为半缩醛结构，很不稳定，加热时易发生解聚反应分解成甲醛，不具有实用价值。解决方法之一是把产物和乙酐一起加热进行封端反应，使末端的羟基酯化，生成热稳定性的酯基。

本实验用三氟化硼乙醚络合物作为引发剂，二氯乙烷作为溶剂，进行三聚甲醛阳离子开环聚合，所得聚甲醛再用乙酸酐封端稳定化。

三、主要药品与仪器

化学试剂：三聚甲醛（用水重结晶后真空干燥）、三氯化硼–乙醚络合物（BF_3OEt_2）（0.1 mol/L 的二氯乙烷溶液）、二氯乙烷（干燥）、丙酮、乙酸酐、无水乙酸钠。

仪器设备：100 mL 磨口锥形瓶、三通活塞、100 mL 烧瓶、冷凝管、恒温磁力搅拌器、注射器。

四、实验步骤

1. 溶液（沉淀）聚合

在经除湿除氧处理的 100 mL 磨口锥形瓶中加入 18 g 精制的三聚甲醛并套上三通活塞，在氮气保护下，用干燥的注射器依次加入 40 mL 二氯乙烷、1 mL

BF_3OEt_2 的二氯乙烷溶液，开动磁力搅拌器，加热至 45 ℃。约 1 min 后，聚甲醛开始从溶液中析出，1 h 后加入 40 mL 丙酮终止反应，过滤，用丙酮洗涤三次，然后在室温下真空干燥，称重，计算产率。

2. 乙酸酐封端反应

如图 4-1 所示，在装有空气冷凝管和氯化钙干燥管的 100 mL 烧瓶中加入 3 g 上述所得的粉状聚甲醛，加入 30 mL 乙酸酐及 30 mg 无水乙酸钠，磁力搅拌下回流（139 ℃）2 h 后，冷却，抽滤。所得产物用加有一些甲醇的温蒸馏水（50 ℃）充分洗涤 5 次，再用丙酮洗涤三次，室温下真空干燥。

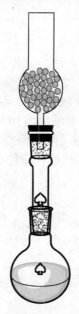

图 4-1　乙酸酐封端反应装置示意图

3. 测定聚甲醛热稳定性

用热重分析仪 TGA 测定乙酸酐封端前后聚甲醛的热稳定性。

五、分析与思考

如何判断已发生了乙酸酐封端反应？

实验18　四氢呋喃阳离子开环聚合

一、实验目的

（1）通过四氢呋喃阳离子开环聚合，了解阳离子开环聚合反应的机理和反应条件。

（2）制备低相对分子质量的聚四氢呋喃（简称聚醚），其可作为聚醚型聚氨酯的原料和环氧树脂的改性剂。

二、实验原理

四氢呋喃为五元环的环醚类化合物。其环上氧原子具有未共用电子对，为亲电中心，可与亲电试剂如lewis酸、含氢酸（如硫酸、高氯酸、醋酸等）发生反应进行阳离子开环聚合。但四氢呋喃为五元环单体，环张力较小、聚合活性较低、反应速率较慢，须在较强的含氢酸引发作用下才能发生阳离子开环聚合。经实验证明，四氢呋喃在高氯酸引发（醋酸酐存在下）作用下，可合成相对分子质量为1000~3000的聚四氢呋喃，化学反应原理如下：

链引发：

$$\text{HA} + \underset{\text{O}}{\bigcirc} \longrightarrow \text{H}-\overset{\oplus}{\underset{\ominus}{\overset{\text{O}}{\underset{\text{A}}{\bigcirc}}}}$$

$$\text{H}-\overset{\oplus}{\underset{\ominus}{\overset{\text{O}}{\underset{\text{A}}{\bigcirc}}}} + \underset{\text{O}}{\bigcirc} \longrightarrow \text{HO(CH}_2)_4-\overset{\oplus}{\underset{\ominus}{\overset{\text{O}}{\underset{\text{A}}{\bigcirc}}}}$$

链增长：

$$\text{HO(CH}_2)_4-\overset{\oplus}{\underset{\ominus}{\overset{\text{O}}{\underset{\text{A}}{\bigcirc}}}} + n\underset{\text{O}}{\bigcirc} \longrightarrow \text{H}\left[\text{O(CH}_2)_4\right]_{n+1}\overset{\oplus}{\underset{\ominus}{\overset{\text{O}}{\underset{\text{A}}{\bigcirc}}}}$$

链终止：

$$\text{H}\left[\text{O(CH}_2)_4\right]_{n+1}\overset{\oplus}{\underset{\ominus}{\overset{\text{O}}{\underset{\text{A}}{\bigcirc}}}} + \text{H}_2\text{O} \xrightarrow{\text{NaOH}} \text{H}\left[\text{O(CH}_2)_4\right]_{n+2}\text{OH} + \text{HA}$$

$$\text{HA} + \text{NaOH} \longrightarrow \text{NaA} + \text{H}_2\text{O}$$

式中，HA为高氯酸（$HClO_4$）。

由以上聚合反应过程可知主产物是聚四氢呋喃，副产物是高氯酸钠和醋酸钠。

三、主要药品及仪器

化学试剂：四氢呋喃、醋酸酐、高氯酸、氢氧化钠、甲苯。

仪器设备：四口烧瓶、滴液漏斗、蒸馏装置、回流冷凝管、电热套、低温温度计（-50~50 ℃）、温度计（0~100 ℃）、分液漏斗。

实验原料用量摩尔比为醋酸酐∶高氯酸∶四氢呋喃∶氢氧化钠=1∶0.067∶5.9∶2.92，质量比为1.02∶6.7∶430∶116.8。

四、实验步骤

1. 催化剂制备

在装有搅拌器、温度计（-50~50 ℃）、滴液漏斗的250 mL四口烧瓶中加入醋酸酐102 g，冷却至-10 ℃±2 ℃，在低速搅拌下缓慢滴加高氯酸6.7 g，温度控制在2 ℃±2 ℃，加完高氯酸后再搅拌5~10 min即制成催化剂（金黄色），放入冰箱中备用。

2. 聚四氢呋喃的合成

（1）在装有搅拌器、温度计（-50~50 ℃）、滴液漏斗的500 mL四口瓶中加入四氢呋喃430 g，并冷却至-10 ℃±2 ℃，在搅拌下加入上述催化剂，温度控制在2 ℃±2 ℃。加完催化剂后再于2 ℃±2 ℃温度下反应2 h（缓慢搅拌），再升温至10 ℃±2 ℃反应2 h，然后将体系冷却至5 ℃±2 ℃，滴加40%的NaOH水溶液，使体系pH值为6~8。

（2）换上蒸馏装置，蒸出未反应的四氢呋喃，收集65~67 ℃的馏分（回收）。再换上回流装置，继续加热，使体系温度保持在116~120 ℃，强烈搅拌4~5 h直至反应完毕。当物料温度降至50 ℃以下时出料，将反应物料倒入1000 mL大烧杯中。

3. 聚合物后处理

（1）在反应物料中加入100~150 mL甲苯、100 mL蒸馏水，并用醋酸酐或氢氧化钠水溶液调整体系pH值为7~8。将上层物料倒入1000 mL分液漏斗中，分去下面水层，用蒸馏水洗涤4~5次（每次加蒸馏水50~100 mL）至体系的pH值为7。

（2）换上蒸馏装置蒸出甲苯-水，收集110.6 ℃的馏分（回收），即得到端羟基聚四氢呋喃。将聚四氢呋喃放置真空干燥箱中，在温度为50~60 ℃、压力为21.3 kPa（160 mmHg）下干燥脱水3 h，最后得到相对分子质量为2000~3000的聚四氢呋喃。

实验中应注意的问题如下。

（1）体系的低温控制可采用熔融氯化钙-冰体系，或采用氯化钠-冰体系，根据温度要求两者按一定比例混合，冰块小些，氯化钠多些体系的温度较低。

（2）在滴加40%的NaOH时，需注意滴加速度，开始时需缓慢滴加，随着终止反应的进行，反应速度减慢，可以加快滴加速度，但注意不要使体系的温度超过40℃，否则，由于反应剧烈，物料有冲出的危险。

五、分析与思考

（1）阳离子聚合时，对单体和催化剂有什么要求？

（2）阳离子聚合时，为什么不能有水，为什么需要在低温下进行？

实验 19　苯乙烯的阴离子聚合

一、实验目的

了解苯乙烯阴离子聚合的方法和特点。

二、实验原理

阴离子聚合（也称为负离子聚合）是指生长链活性中心为阴离子的聚合，是离子型聚合的一种类型。在阴离子聚合过程中，在无水、无氧、无二氧化碳和完全不存在任何转移剂情况下，活性链是不会终止的。因此，阴离子聚合也是一种活性聚合，相应的无自动终止聚合物又称为活性聚合物。

本实验采用正丁基锂（$n\text{-}C_4H_9Li$）催化剂进行苯乙烯阴离子聚合。

在烷基金属化合物中，只有烷基锂（甲基锂除外）能溶于烃类溶剂，在作为阴离子聚合的催化剂时，活性高，反应速度快，单体转化率几乎可达 100%。

正丁基锂是由金属锂与氯代正丁烷在非极性有机溶剂（常用的溶剂有石油醚、庚烷、环己烷和苯等）中制得，其反应式为：

$$n\text{-}C_4H_9Cl + Li \longrightarrow n\text{-}C_4H_9Li + LiCl$$

正丁基锂在纯净或非极性有机溶剂中以六聚体的缔合状态存在，并于单分子间有一平衡存在，只有在很低浓度（10^{-4} mol/L）或加入适量极性溶剂如四氢呋喃时，才以单分子状态存在为主，同时，增加温度也可以降低其缔合程度。因此正丁基锂的缔合度依赖于浓度、溶剂的极性和温度等因素。因为只有不缔合的正丁基锂才有引发聚合的能力，所以要保证正丁基锂在引发阴离子聚合时的单分子浓度。

$$(n\text{-}C_4H_9Li)_6 \rightleftharpoons 6n\text{-}C_4H_9Li$$

同其他有机金属化合物一样，正丁基锂易被水、氧、二氧化碳、醇、酸和卤代烃等物质作用而失去活性，如：

$$n\text{-}C_4H_9Li + H_2O \longrightarrow n\text{-}C_4H_{10} + LiOH$$

正丁基锂产品应保存在干燥避光并充有氮气的容器内，使用时不能暴露在空气中。正丁基锂为催化剂进行的苯乙烯负离子聚合反应机理如下：

链引发：

$$n\text{-}C_4H_9Li + \ H_2C{=}CH \longrightarrow n\text{-}C_4H_9 \cdot CH_2 \cdot CH^- \ Li^+$$

链增长：

$$n\text{-}C_4H_9CH_2 \cdot CH^- Li^+ + nH_2C{=}CH \longrightarrow n\text{-}C_4H_9 \cdot (CH_2 \cdot CH){-}CH_2 \cdot CH^- Li^+$$

链终止（以甲醇为终止剂）：

$$n\text{-}C_4H_9(CH_2 \cdot CH){-}CH_2 \cdot CH^- Li^+ + CH_3OH \longrightarrow$$

$$n\text{-}C_4H_9 \cdot (CH_2 \cdot CH){-}CH_2 \cdot CH_2 + CH_3OLi$$

由阴离子聚合得到的聚合物分子量分布很窄，所以阴离子聚合所制备的聚苯乙烯常用于标样。

三、主要药品和仪器

化学试剂：苯乙烯、正丁基锂溶液高纯氮（99.99%）。

仪器设备：氮气流干燥系统、真空油泵、注射器、长针头磨口锥形瓶（50 mL）、温度计、翻口橡皮塞。

四、实验步骤

将洗净、烘干的 50 mL 单口烧瓶中加入 8 mL 环己烷和 2 mL 苯乙烯，塞紧翻口橡皮塞，通氮气 3 min（通氮气毛细管应插入液体底部）后，用注射器吸取 0.8 mL 正丁基锂溶液，先缓慢注入 0.1~0.3 mL，轻轻摇动以消除体系中残余杂质，然后将剩余的约 0.5 mL 正丁基锂溶液缓慢注入。此时溶液缓慢由黄变橙，最终变成红色。室温放置 1~2 h 后，体系逐渐变稠，然后注入 0.5 mL 甲醇或松动塞子使空气进入即可终止反应，红色便很快消失。

实验中需要说明的事项包括：

（1）所用仪器必须洁净并绝对干燥；

（2）反应体系必须保持无水、无氧；

（3）反应体系用高纯氮（99.99%）保护；

（4）反应中所用试剂均需事先经严格的除水处理。

五、分析与思考

（1）阴离子聚合有什么特点？

（2）活性聚合应满足哪些条件？

实验 20　　二苯甲酮–钠引发的苯乙烯阴离子聚合反应

一、实验目的

（1）加深对阴离子聚合原理和特点的理解。
（2）掌握二苯甲酮–钠引发阴离子聚合的实验方法。

二、实验原理

阴离子引发剂可分为亲核引发剂（如烷基锂核格氏试剂）和电子转移引发剂（如萘–碱金属），碱金属也可以单独引发阴离子聚合，其引发机理与碱金属的种类和溶剂性质有关。本实验采用二苯甲酮–钠作为引发体系，属于电子转移引发机理，具体过程如下。

碱金属与二苯甲酮反应生成深蓝色的二苯甲酮–钠阴离子自由基，二苯甲酮–钠阴离子自由基进一步与钠反应生成紫红色的二苯甲酮二钠。因此，在精制干燥溶剂时经常加入二苯甲酮作为指示剂，以溶剂中出现深蓝色作为溶剂中无水和其他杂质的标记。

二苯甲酮二钠与苯乙烯反应生成红色的苯乙烯自由基阴离子，两个苯乙烯自由基阴离子偶合形成苯乙烯二聚体的双阴离子，它是真正的活性种。苯乙烯双阴离子进而与单体加成进行聚合，聚合物数均聚合度为单体初始浓度与引发剂初始浓度比值的两倍。苯乙烯阴离子的颜色为深红色，由此可以判断聚合反应是否进行。

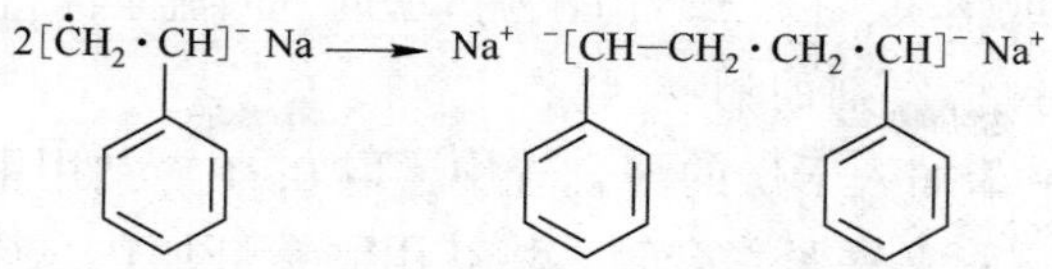

$$2[\overset{\cdot}{C}H_2 \cdot CH]^- Na \longrightarrow Na^+ {}^-[CH-CH_2 \cdot CH_2 \cdot CH]^- Na^+$$

二苯甲酮二钠有很高的反应活性，可与含活泼氢的化合物反应生成二苯甲酮和 NaOH；还具有很好的还原能力，可与含羰基的化合物等反应，因此在溶剂的回流干燥中常用作指示剂。

三、主要药品与仪器

化学试剂：甲苯、苯乙烯（精制并干燥）、四氢呋喃（无水）、钠、二苯甲酮、乙醇。

仪器设备：聚合管、注射器、注射针头、布氏漏斗、250 mL 烧瓶、真空烘箱。

四、实验步骤

1. 溶剂和单体的精制

苯乙烯的精制过程如下：

（1）在 250 mL 的分液漏斗中加入 100 mL 苯乙烯，用 20 mL 的 5% NaOH 溶液洗涤多次至水层为无色，此时单体略显黄色。

（2）用 20 mL 蒸馏水继续洗涤苯乙烯，直至水层呈中性，加入适量干燥剂（如无水 Na_2SO_4、无水 $MgSO_4$ 和无水 $CaCl_2$ 等）放置数小时。

（3）将初步干燥的苯乙烯经过滤除去干燥剂后，直接进行减压蒸馏，加入无水 CaH_2 密闭搅拌 4 h，再进行减压蒸馏，收集到的单体可用于离子聚合。

甲苯的精制过程如下：

（1）利用噻吩比苯容易磺化的特点，用甲苯体积分数为 10% 的浓硫酸反复洗涤，至酸层呈无色或微黄色，然后取甲苯 3 mL 与 10 mL 靛红-浓硫酸溶液混合，静置片刻后，若溶液呈浅蓝绿色，则表明噻吩仍然没有除净。

（2）无噻吩的甲苯层用 10% 碳酸钠溶液洗涤一次，再用蒸馏水洗涤至中性，然后用无水 $CaCl_2$ 干燥。

（3）将初步干燥的甲苯加入钠丝或钠块，以二苯甲酮作为指示剂，回流至深蓝色。

四氢呋喃的精制过程如下：

（1）将四氢呋喃用固体 KOH 浸泡数天，过滤，进行初步干燥。

（2）向干燥后的四氢呋喃中加入新制的 $CuCl_2$ 回流数小时后，除去其中的过氧化物，蒸馏出溶剂。

（3）加入钠丝或钠块，以二苯甲酮为指示剂，回流至深蓝色。

2. 二苯甲酮–钠引发剂的制备

将 7 mL 无水甲苯加入干燥的聚合管中，取 0.10 g 钠用甲苯洗去表面油污，加入聚合管内，用试管夹夹紧聚合管，将其用酒精灯加热，待甲苯接近沸腾时，小心操作使金属钠熔化成小球，保持甲苯微沸 1 min，注意聚合管口偏离火焰。然后迅速塞上橡皮塞并用手指压紧，趁钠处于熔化状态时，用力振荡将金属钠分散成细粒状，继续振摇至钠粒凝固。若钠分散不够理想，可打开橡皮塞，重新操作。然后用注射器将聚合管中甲苯吸出，并用少量无水四氢呋喃洗涤一次。取 4 g 二苯甲酮加入 250 mL 干燥烧瓶中，塞上橡皮塞，用注射器加入 100 mL 四氢呋喃，振摇使二苯甲酮完全溶解。最后向聚合管中加入 5 mL 上述二苯甲酮–四氢呋喃溶液，不断振摇并观察溶液颜色变化，直至溶液呈深紫色。

3. 苯乙烯阴离子聚合

在聚合管的橡皮塞上先插一注射针头，并将聚合管置于冰浴中，固定好后用注射器缓慢加入 3 mL 干燥苯乙烯，轻轻摇动，观察体系颜色变化和黏度变化，聚合过程中有大量热量生成，会导致聚合管发热。待体系温度恢复正常时，打开橡皮塞，加入 5 mL 四氢呋喃，使之与聚合液混合均匀，再加入 0.5 mL 乙醇终止反应，然后在烧杯中用 150 mL 乙醇沉淀聚合物，聚合管中残留物用少量四氢呋喃溶解洗出，一并沉淀，用布氏漏斗过滤，乙醇洗涤，抽干，于真空烘箱内干燥，称重，计算产率。

五、分析与思考

（1）是否可以使用苯代替甲苯来制备二苯甲酮–钠引发剂，为什么？

（2）说明单独使用碱金属引发阴离子聚合的引发机理。

（3）如果在引发剂制备时有残留钠没有反应，那么在后续操作中应注意哪些问题？

（4）聚合时在橡皮塞上插注射针头的目的是什么？

实验 21 丁基锂引发苯乙烯–异戊二烯的嵌段共聚

一、实验目的

（1）加深对阴离子聚合原理和特点的理解。
（2）掌握活性聚合制备嵌段共聚物的原理和实验方法。

二、实验原理

嵌段共聚物是由两种或两种以上不同单体单元各自形成的长链段组成的，根据嵌段的数目和排列方式，嵌段共聚物可以分为 AB 两嵌段共聚物、ABA 夹层三嵌段共聚物、ABC 三嵌段共聚物、（AB）线形多嵌段共聚物和星形嵌段共聚物等。嵌段共聚物的合成方法有顺序活性聚合法、预聚物相互反应法和预聚物端基引发法。

在顺序活性聚合法中，阴离子聚合较早被应用于嵌段共聚物的合成和生产。对于可进行活性阴离子聚合的单体，在单体 A 进行聚合完毕后再加入单体 B，A 的聚合物链阴离子引发 B 单体聚合生成了 AB 两嵌段共聚物；若再加入单体 C，可继续引发聚合，生成 ABC 三嵌段共聚物。

遥爪预聚物的末端带有不同类型的官能团，官能团相互反应生成嵌段共聚物，控制预聚物的功能度和相对用量可以用于合成两嵌段、三嵌段和多嵌段共聚物，但要求官能团的反应快而且定量。遥爪预聚物还可以通过加入偶合剂来制备嵌段共聚物，同样聚合物阴离子可用适当偶联剂终止，可以将不同聚合物链连接而形成嵌段共聚物。聚合物活性阴离子和聚合物活性阳离子相互反应也能生成嵌段共聚物。

在预聚物端基引发法中，单体 A 预聚体的端基转变成可以引发活性或可控聚合的引发基团，然后在适当条件下引发单体 B 的聚合，由此形成嵌段共聚物。合成预聚体的聚合反应和单体 B 的聚合反应可以属于完全不同的类型，因此该方法可以结合不同聚合方法的优点，制备出一些特殊结构的嵌段共聚物，如大多数的甲基丙烯酸酯类单体难以实现活性阴离子聚合，将阴离子聚合和原子转移自由基聚合相结合，可以获得结构明确的聚(苯乙烯-*b*-甲基丙烯酸酯)。

在顺序活性阴离子聚合制备嵌段共聚物中，需注意单体的聚合顺序。引发剂与单体 A 反应后生成单体阴离子，单体 A 增长链阴离子能否引发单体 B 聚合，取决于单体 B 增长链阴离子与单体 A 增长链阴离子的碱性强弱。表征增长链阴离子碱性（即给电子能力）参数的是该阴离子共轭酸的 pK_a 值，如乙基阴离子的共轭酸是乙烷，pK_a 为共轭酸 pH 值的解离平衡常数，$pK_a = -\lg K_a$，K_a 值大，则

pK_a 越小，化合物的碱性越弱。因此，pK_a 大的化合物能引发 pK_a 值小的单体进行阴离子聚合。单体中苯乙烯的 pK_a 值最大，它能引发所有的单体聚合，除双烯类单体，其他单体形成的增长链阴离子不能引发苯乙烯聚合。如果要采用活性阴离子聚合制备含苯乙烯（St）、甲基丙烯酸甲酯（MMA）和丙烯腈（AN）的嵌段共聚物，单体依次加入顺序为 St、MMA 和 AN，得到聚（St-*b*-MMA-*b*-AN）的三嵌段共聚物。

本实验采用丁基锂或萘-钠作为引发剂，在四氢呋喃中依次进行异戊二烯和苯乙烯的阴离子聚合，分别得到异戊二烯-苯乙烯两嵌段和苯乙烯-异戊二烯-苯乙烯三嵌段共聚物。

三、主要药品与仪器

化学试剂：苯乙烯（精制和除水）、异戊二烯（精制和除水）、四氢呋喃（精制和除水）、乙醇、丁基锂、萘-钠引发剂（引发剂浓度已进行标定）、甲苯。

仪器设备：两口烧瓶、注射器、注射针头、双排管系统、真空系统、通氮系统、溶剂回流干燥装置、真空烘箱、布氏漏斗。

四、实验步骤

1. 异戊二烯-苯乙烯两嵌段共聚物的制备

两口烧瓶在烘箱干燥后，趁热将一口用橡皮塞塞住，另一口连接到双排管聚合系统上，或者趁热按图 4-2 搭置好的反应装置通氮气并抽真空三次，每次间隔 10 min。

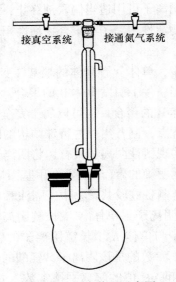

接真空系统　　接通氮气系统

图 4-2　反应装置示意图

如有条件，在抽真空时使用火焰烘烤整个装置。然后用注射器向烧瓶中加入80 mL 新蒸出的四氢呋喃和3 g 异戊二烯，电磁搅拌下加入0.1 mmol 的丁基锂溶液，于室温反应4 h，观察实验现象。然后在冰水浴下，加入新蒸出的苯乙烯1.2 g，观察反应进行情况。继续反应15 min，加入1 mL 无水乙醇终止聚合，聚合物溶液用400 mL 乙醇沉淀，过滤、洗涤、抽干，最后置于真空烘箱中干燥，称重，计算收率。

2. 苯乙烯-异戊二烯-苯乙烯三嵌段共聚物的制备

实验过程同异戊二烯-苯乙烯两嵌段共聚物的制备，但引发剂改为萘-钠，用量为0.1 mmol。

3. 两嵌段共聚物和三嵌段共聚物性能比较

分别取1 g 两嵌段共聚物和三嵌段共聚物，用10 mL 甲苯溶解，然后将溶液倒入直径为5 cm 的培养皿中，待溶剂自然挥发后，置于真空烘箱中40 ℃干燥4 h，小心将聚合物薄膜取出，观察两者弹性的不同。

五、分析与思考

（1）如何用注射器定量加入0.1 mmol 的引发剂和定量的单体？

（2）异戊二烯-苯乙烯两嵌段共聚物和苯乙烯-异戊二烯-苯乙烯三嵌段共聚物在物理性能上有什么不同？

（3）利用顺序活性聚合制备嵌段共聚物，采用本实验所述的操作，会有什么不利因素？

实验 22　由 Ziegler-Natta 催化剂制备聚乙烯和聚丙烯

一、实验目的

加深对烯烃络合负离子催化聚合的理解，由 Ziegler-Natta 催化剂制备聚乙烯和聚丙烯。

二、实验原理

乙烯可以在高压下经自由基聚合生成高分子量聚乙烯，而丙烯和 1-丁烯等烯丙基单体则不能以自由基聚合的方式生成高聚物，这是由于烯丙基单体在自由基聚合中发生严重的降解性链转移（退化链转移），生成活性很低的烯丙基自由基。但是，Ziegler-Natta 催化剂不仅可以使这类单体聚合得到高分子量产物，而且还可以产生有高度立构规整性的产物。在 Ziegler-Natta 催化剂作用下，丙烯可以聚合成高分子量的全同立构聚丙烯，1-丁烯可以生成全同立构的高分子量聚 1-丁烯等。对乙烯来说，其聚合物虽无规整度可言，但用 Ziegler-Natta 催化剂制得的聚乙烯分子支链少，聚合物有较高的结晶度和密度，熔点也较高，而且聚合过程不需用高压，因此这种聚乙烯被称为低压高密度聚乙烯，以与自由基聚合所得的高压低密度聚乙烯相区别。

典型的 Ziegler-Natta 催化剂含有周期表第 I 至第 III 族金属（如 Al）的烷基化物或氢化物（最常用的有三乙基铝、三异丁基铝和一氯二乙基铝等）和过渡金属盐（如三氯化钛、四氯化钛等），由于它们在催化烯类单体聚合时是通过与单体及生长链形成络合物而发生作用的，因此又被称为络合催化剂。如由三异丁基铝和四氯化钛组成的络合物，该催化体系可以引发乙烯聚合生成高分子量的高密度聚乙烯。一般认为，含钛催化剂的有效成分是+3 价的钛，如四氯化钛与三异丁基铝经过如下反应生成+3 价钛：

$$TiCl_4 + (i\text{-}C_4H_9)_3Al \longrightarrow i\text{-}C_4H_9TiCl_3 + (i\text{-}C_4H_9)_3AlCl$$

$$i\text{-}C_4H_9TiCl_3 \longrightarrow TiCl_3 + i\text{-}C_4H_9$$

生成的 $TiCl_3$ 与三异丁基铝络合形成高活性的乙烯聚合催化剂。

值得注意的是，经上述反应产生的 $TiCl_3$，其晶体为 β 型。若以含 β-$TiCl_3$ 的催化剂引发丙烯和 1-丁烯等 α-烯烃的聚合，产物分子将缺乏立构规整性。为制备具有全同立构型的聚 α 烯烃，所用的 $TiCl_3$ 应具有 α、γ、δ 晶型。将 β-$TiCl_3$ 经过长时间的研磨可以转变为其他晶型，但适合学生实验室的一个最方便的方法是将上述络合催化剂体系加热处理。如在 185 ℃ 将 $TiCl_4$-$(i\text{-}C_4H_9)_3Al$ 络合物加热 40 min，使催化体系中产生的 β-$TiCl_3$ 转变为 γ-$TiCl_3$，从而可以催化丙烯的全同立构聚合。

γ-三氯化钛是紫色的，而 β-$TiCl_3$ 为棕色，根据颜色的变化可以判断 γ-$TiCl_3$ 的生成。本实验以 $TiCl_4$-$(i$-$C_4H_9)_3Al$ 为催化体系进行乙烯的低压聚合或丙烯的全同立构聚合。

三、主要药品与仪器

化学试剂：甲苯（无水）、三异丁基铝（10%）溶液（或一氯二乙基铝溶液）、$TiCl_4$、乙烯气（钢瓶装）、氮气、甲醇、乙醇、十氢萘（无水）、丙烯气（钢瓶装）。

仪器设备：搅拌器、三口瓶、注射器、冰水浴、硅油浴、安全操作箱。

四、实验步骤

1. 聚乙烯的制备

充分干燥本实验所用仪器，包括一个 500 mL 三口瓶、磨口瓶塞、接头、气体导管、量筒、注射器及针头等。用氮气置换三口瓶内空气，然后塞好塞子（若用电磁搅拌，则瓶内应放有磁子）。

在充满氮气的安全操作箱内进行如下操作（操作箱内应放有一切需用之物，包括经上述操作后的三口瓶、量筒、注射器，干燥的甲苯、三异丁基铝和四氯化钛等）：往三口瓶内加入 300 mL 甲苯、18 mL 10%的三异丁基铝（0.008 mol）、0.5 mL $TiCl_4$（0.005 mol），塞好塞子，瓶内混合物应呈棕黑色。将三口瓶由操作箱内取出，装置在电磁搅拌器上并用冰水浴冷却。

将乙烯气由钢瓶通过安全装置鼓泡通入三口瓶内（导气管应通入溶液中，但应不妨碍搅拌，制导气管时不要将玻璃管拉细成滴管状，以防催化剂及聚合物将导气管堵死），排气管末端应装有石蜡油尾气的检气装置和干燥管，以便观察尾气并防止湿气进入反应系统。

实验者可根据情况决定聚合时间，一般应进行 2 h 左右。关掉乙烯气，往瓶中加入 20 mL 甲醇（或乙醇），滤出聚合物，用乙醇将聚合物洗至白色。然后干燥聚合物，称量，计算产量和催化剂效率（以每小时每克钛所获聚合物量计）。

2. 聚丙烯的制备

充分干燥本实验所用仪器，包括一个 500 mL 三口瓶、一支回流冷凝器、磨口瓶塞、接头、气体导管、量筒、注射器等。用氮气置换三口瓶内空气，然后塞好塞子（若用电磁搅拌，则瓶内应放有磁子）。

在充满氮气的安全操作箱内进行如下操作（箱内应放有一切需用之物，包括上述操作后干燥好的三口瓶、量筒、注射器，干燥的十氢萘、三异丁基铝和四氯化钛等）：往三口瓶内加入 300 mL 十氢萘、18 mL 10%的三异丁基铝（0.008 mol）和 15 mL $TiCl_4$（0.005 mol），塞好塞子，瓶内混合物应呈棕色。

　　由操作箱内取出三口瓶，将三口瓶装置在电磁搅拌器上，三口瓶应置于一个可控温的硅油浴中。在通氮气的情况下装好回流冷凝器和气体导管，出气导管末端装有石蜡油尾气的检气装置和干燥管。加热使油浴温度保持在 185 ℃左右，维持 40 min 使催化剂熟化，此期间催化剂应逐渐由棕色转变为紫色。撤去油浴使反应液冷却至室温，将氮气改为丙烯气通入反应液（实验操作同通乙烯气的操作），聚合进行 2 h 后结束反应。然后关掉丙烯气，往瓶中加入 20 mL 甲醇（或乙醇），滤出聚合物，产物用乙醇洗净，烘干，称重，计算产量和催化剂效率（以每小时每克钛所获聚合物量计）。

五、分析与思考

（1）在用络合催化剂制备聚烯烃时，如何控制产物分子量？

（2）聚丙烯的规整度受哪些因素所左右？

（3）如何用低压法制备低密度聚乙烯？

（4）哪些重要的工业产品是用 Ziegler-Natta 催化剂合成的？

第五章　高分子化学反应实验

实验 23　聚乙烯醇的制备及其缩醛化制备 107 胶

一、实验目的

（1）掌握制备聚乙烯醇缩甲醛的方法。
（2）了解聚合物化学反应的特点。

二、实验原理

由于不存在乙烯醇单体，因而聚乙烯醇（PVA）不能直接由单体聚合而成，而是由聚乙酸乙烯酯（PVAc）在酸或碱的作用下水解而成。在碱催化下的水解（醇解）又可分为湿法（高碱）和干法（低碱）两种。湿法是指在原料聚乙酸乙烯酯甲醇溶液中含有 1%~2% 的水，碱催化剂也配成水溶液。湿法的特点是反应速度快，但副反应多，生成的乙酸钠多。干法是指聚乙酸乙烯酯甲醇溶液不含水，碱也溶在甲醇中，碱的用量少（只有湿法的 1/10）。干法的优点是克服了湿法的缺点，但反应速度慢。

$$\underset{\substack{| \\ O-CCH_3 \\ \quad\ \| \\ \quad\ O}}{\left(CH_2 \cdot CH\right)_n} \xrightarrow[\text{干法}]{NaOH,CH_3OH} \underset{\substack{| \\ OH}}{\left(CH_2 \cdot CH\right)_n} + n\ CH_3COOCH_3$$

$$\underset{\substack{| \\ O-CCH_3 \\ \quad\ \| \\ \quad\ O}}{\left(CH_2 \cdot CH\right)_n} \xrightarrow[\text{湿法}]{NaOH,CH_3OH} \underset{\substack{| \\ OH}}{\left(CH_2 \cdot CH\right)_n} + n\ CH_3COONa$$

在酸性或碱性条件下，PVAc 均可发生醇解反应。酸性醇解时，由于残留的酸液很难从产物中出去，而残留的酸可加速 PVA 的脱水作用，使产物变黄或不溶于水，目前工业上一般都采用在碱性条件下进行 PVAc 的醇解。

本实验中用甲醇作为醇解剂，NaOH 为催化剂。

聚乙烯醇缩甲醛是利用聚乙烯醇与甲醛在盐酸催化作用下发生缩合反应，其反应如下：

$$\text{\large$\sim\!\!\sim$}CH_2\cdot\underset{\underset{OH}{|}}{CH}\!\!-\!\!CH_2\cdot\underset{\underset{OH}{|}}{CH}\!\!-\!\!CH_2\cdot\underset{\underset{OH}{|}}{CH}\!\!-\!\!CH_2\text{\large$\sim\!\!\sim$} + HCHO \longrightarrow$$

$$\text{\large$\sim\!\!\sim$}CH_2\cdot\underset{\underset{OH}{|}}{CH}\!\!-\!\!CH_2\cdot\underset{\underset{\underset{CH_2}{|}}{O}}{CH}\!\!-\!\!CH_2\cdot\underset{\underset{O}{|}}{CH}\!\!-\!\!CH_2\text{\large$\sim\!\!\sim$}$$

反应机理为：

$$\underset{H}{\overset{H}{C}}\!=\!O + ROH \rightleftharpoons \underset{H}{\overset{H}{C}}\overset{OH}{\underset{OR}{}} \overset{H^+}{\rightleftharpoons} \underset{H}{\overset{H}{C}}\overset{O^+H_2}{\underset{OR}{}} \overset{-H^+}{\rightleftharpoons}$$

$$\underset{H}{\overset{H}{C^+}}\!\!-\!\!OR \overset{ROH}{\rightleftharpoons} \underset{H}{\overset{H}{C}}\overset{OR}{\underset{OR}{}} + H^+ \overset{-H^+}{\rightleftharpoons} \underset{H}{\overset{H}{C}}\overset{OR}{\underset{OR}{}} +$$

式中，ROH 代表聚乙烯醇。

聚乙烯醇是水溶性的高聚物，如果用甲醛将它进行部分缩醛化，随着缩醛度的增加，水溶性变差。作为维尼纶纤维用的聚乙烯醇缩甲醛其缩醛度控制在 35% 左右，不溶于水，是性能优良的合成纤维。

三、主要药品与仪器

化学试剂：25% 聚乙酸乙烯酯溶液、6% NaOH 甲醇溶液、10% PVA-1799 水溶液、10% 盐酸、36% 甲醛溶液、1∶2 氨水。

仪器设备：四颈瓶、搅拌器、冷凝管、滴液漏斗、滴管、恒温水浴。

四、实验步骤

1. 聚乙烯醇的制备

（1）在装有搅拌器、冷凝管、温度计和滴液漏斗的四颈瓶中加入 100 mL 6% NaOH 甲醇溶液，在室温下缓慢滴加 25% 的聚乙酸乙烯酯甲醇溶液 40 g，约在 0.5 h 内滴完。

（2）继续在室温下搅拌反应 2 h 后，停止反应，抽滤，沉淀用工业乙醇洗涤 3 次，于 50 ℃下真空干燥得到产物，并计算产率。

2. 聚乙烯醇缩醛化制备 107 胶

（1）在装有搅拌器、冷凝管、温度计和滴液漏斗的四颈瓶中加入 80 mL 的 10% PVA-1799 水溶液并加热至 80 ℃，在搅拌条件下，首先滴加 10% 盐酸调节体系 pH 值至 1~2，然后再利用恒压滴液漏斗缓慢滴加 36% 甲醛溶液 4 mL，滴加时间控制在 0.5 h 左右，滴加完毕后继续反应 0.5 h，然后冷却至 60 ℃，用 1 : 2 氨水调节 pH 值至 8~9 得到产品。

（2）称取约 5 g 产品于表面皿中，烘干，计算固含量。

注：温度、pH 值和甲醛滴加速度是反应成败的关键，若温度过高，pH 值过低，甲醛滴加过快都可能导致局部缩醛度过高而产生沉淀。

五、分析与思考

聚乙烯醇的缩醛化反应最多只能有约 80% 的—OH 能缩醛化，为什么？

实验 24　淀粉类高吸水性树脂的制备

一、实验目的

（1）了解铈盐引发接枝聚合反应的特点和原理。

（2）了解高吸水性树脂的结构特征和吸水原理。

二、实验原理

高吸水性树脂能够吸收自身重量几百倍至千倍的水分，保水能力强，具备强亲水性、轻度交联和高离子含量的结构特征。从合成原料上看，可分为淀粉/纤维素接枝共聚物类、聚丙烯酸类、聚丙烯酰胺类和聚乙烯醇类。1961 年，美国农业部北方研究所 C. R. Russell 完成淀粉-γ-聚丙烯腈的合成，然后进行部分水解得到高吸水性树脂，最后由 Henkel 公司实现工业化。高吸水性树脂广泛用于农林业、园林绿化、抗旱保水和防沙治沙等领域，它可在植物根部形成"微型水库"，还能吸收肥料和农药，并缓慢释放以延长肥效和药效。此外，高吸水性树脂还可应用于医疗卫生、石油开采、建筑材料和交通运输等行业。

淀粉接枝共聚主要是采用自由基引发接枝聚合的合成方法，引发方式包括：

（1）铈离子引发体系。Ce^{4+} 盐（硝酸铈铵）溶于稀硝酸中，与淀粉形成络合物，并与葡萄糖单元的羟基反应生成自由基，自身还原成 Ce^{3+}，其可能的机理如下所示。

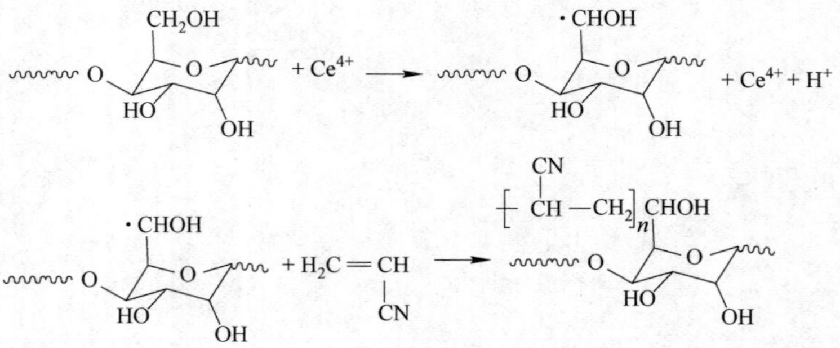

（2）Fenton's 试剂引发。由 Fe^{2+} 和 H_2O_2 组成的溶液，两者之间发生氧化还原反应生成羟基自由基，进一步与淀粉中葡萄糖单元的羟基反应生成大分子自由基。

（3）辐射法。紫外线和 γ 射线可使淀粉中葡萄糖单元的羟基脱氢生成大分子自由基。使用 Ce^{4+} 盐作为引发剂，单体的接枝效率较高。

淀粉接枝聚丙烯腈本身没有高吸水性，将聚丙烯腈接枝链的氧基转变成亲水性更好的酰胺基和羧基后，淀粉接枝共聚物的吸水性会显著提高，世界上首例高吸水性树脂就是这样合成的。使用丙烯酸代替丙烯腈进行接枝聚合，直接得到含大量羧基的淀粉接枝共聚物，可以免去水解步骤。高吸水性树脂的吸水率可高达几千倍，但由于在制备过程中残留盐分难以除尽，吸水率会有不同程度的降低。此外吸水性树脂的吸水率也与水分的含盐量有关，盐度越高吸水率越低。

三、主要药品与仪器

化学试剂：淀粉、硝酸高铈铵、丙烯腈、二甲基甲酰胺、8%（质量分数）的 NaOH 溶液、浓盐酸、pH 试纸、乙醇。

仪器设备：机械搅拌器、回流冷凝管、三颈反应瓶、脂肪抽提器、中速离心机、红外灯、研钵。

四、实验步骤

1. 淀粉熟化

在装有机械搅拌器、回流冷凝管和氮气导管的三颈反应瓶中，加入淀粉 5 g 和蒸馏水 80 mL，通氮气 5 min 后，开始加热升温，同时开动搅拌器，在 90 ℃ 下继续搅拌 1 h 使淀粉熟化，熟化的淀粉溶液呈透明黏糊状。

2. 淀粉接枝

（1）将上述熟化淀粉溶液冷却至室温，加入 2.1 mL 的 0.1 mol/L 硝酸高铈铵溶液，在通氮气情况下搅拌 10 min，然后加入 9.4 mL（7.5 g）新蒸的丙烯腈，升温至 35 ℃ 反应 3 h，得到乳白色悬浊液。

（2）将悬浊液倒入盛有 800 mL 蒸馏水的烧杯中，静置数小时，倾去上层乳液，过滤下层悬浮物后收集固体，蒸馏水洗涤沉淀物至滤液呈中性，真空干燥，称重。

（3）将上述沉淀物置于脂肪抽提器中，用 100 mL 二甲基甲酰胺（DMF）抽提 5~7 h，除去均聚物。

（4）取出 DMF 不溶物，再用水洗涤以除去残留的 DMF，于 70 ℃ 和真空下干燥，称重，计算接枝率和单体的接枝效率。

3. 淀粉接枝聚丙烯腈水解

（1）在装有机械搅拌器和回流冷凝管的三颈反应瓶中，加入经干燥的淀粉接枝聚丙烯腈 4.2 g 和 8% NaOH 溶液 166 mL。

（2）开动搅拌器并升温至 95 ℃，反应约 5 min 后溶液呈橘红色，表明生成了亚胺；反应 20 min 后，溶液黏度增加，颜色逐渐变浅，红色消失。

（3）用 pH 试纸检测回流冷凝管上方的气体，显示有氨气放出。反应 2 h 后，溶液为淡黄色透明胶体；将产物置于冰盐浴中，在不断搅拌的条件下缓慢滴加浓盐酸至 pH 值为 3~4，用中速离心机分出上层清液，沉淀物用乙醇/水（体积比为 1：1）混合溶剂洗涤至中性，最后用无水乙醇洗涤，真空干燥至恒重，得到吸水性树脂。

4. 吸水率测定

取 2 g 吸水性树脂置于 500 mL 烧杯，加入 400 mL 蒸馏水，于室温放置 24 h，倾去可流动的水分，并计量其体积，便可大致估计吸水性树脂的吸水率。采用同样的方式测定吸水树脂对盐水的吸收率，比较其差异。

五、分析与思考

（1）铈盐引发的接枝聚合反应有何特点？查阅文献了解其他氧化还原体系引发淀粉接枝共聚的引发机理。

（2）淀粉接枝聚丙烯腈的水解产物为什么具有高吸水性？分析高吸水性树脂结构特征与吸水性能之间的关系。

（3）如何准确测定吸水性树脂的吸水率？

实验 25　聚丙烯腈的部分水解反应

一、实验目的

（1）了解聚丙烯腈水解的特性。

（2）掌握红外光谱分析方法。

二、实验原理

聚丙烯腈（PAN）的水解过程以大分子功能团反应为主，PAN 分子链上含有氰基，是一活泼基团，能发生许多化学反应，而水解反应是研究得比较多的反应之一。PAN 水解过程中，在热、氧和机械搅拌作用下，在氰基水解的同时，聚合物主链也会不同程度地发生断链，使分子量下降，PAN 可在酸性、碱性和高温加压条件下水解，分别得到含有不同组分的水解产物。水解产物具有絮凝及稳定作用，可作石油钻井泥浆稳定剂。

本实验在碱性条件下水解，聚丙烯腈的部分水解产物含有酰胺基（—$CONH_2$）、羧钠基（—COONa）及少量氰基（—CN）。几种功能团的含量随着碱的用量、反应时间及反应温度等条件的变化而有所不同。

三、主要药品与仪器

化学试剂：氢氧化钠，聚丙烯腈粉末（约 0.365 mm（40 目））、蒸馏水。

仪器设备：250 mL 三颈瓶、冷凝管、搅拌器、量筒、烧杯、三角锥瓶、温度计。

四、实验步骤

1. 水解

在装有搅拌器、回流冷凝管和温度计的三颈瓶中加入 6.1 g NaOH、190 mL 蒸馏水并开动搅拌，待 NaOH 完全溶解后，小心地加入 10 g 经粉碎的 PAN 粉末（约 0.365 mm（40 目）），加热升温至 96~98 ℃（内温），反应物从白色变为棕红色，并逐步溶胀，有氮气放出，随着反应的进行，体系变为橙色，均相。继续反应 3 h 后停止反应，将产物倒入三角锥瓶中备用。

2. 红外光谱分析

（1）取 20 mL 水解产物加稀盐酸调节 pH 值至 3~4，可观察到白色沉淀产生，抽滤后并用甲醇洗涤沉淀物 4 次，将沉淀物于 50 ℃真空干燥至恒重。

（2）取 PAN 用 N,N-二甲基酰胺为溶剂，甲醇为沉淀剂进行纯化，然后烘干至恒重。

（3）将纯化、恒重的 PAN 和 PAN 水解产物进行红外光谱分析，对比其谱图中吸收峰的变化，并确定水解产物所含的官能团。

五、分析与思考

（1）为什么聚丙烯腈可以水解，需要什么条件？

（2）试比较 PAN 和 PAN 水解产物的性质有什么不同？

（3）用哪种方法可以测定部分水解 PAN 的水解度？

实验 26　高抗冲聚苯乙烯的制备

一、实验目的

（1）掌握本体–悬浮法制备高抗冲聚苯乙烯的原理和实验操作。
（2）了解高抗冲聚苯乙烯的结构特性。

二、实验原理

聚苯乙烯类的高分子材料品种多，因共聚单体的类型、材料组成、共聚物的链构筑和材料的相态结构等不同而具备不同的力学性能。苯乙烯的均聚物虽有许多优异性能，但是脆性较大。丁苯橡胶是苯乙烯和丁二烯的无规共聚物，是产量最大的合成橡胶。SBS 树脂是线形三嵌段共聚物，具有热塑性弹性体性质。ABS 树脂是工程塑料，其组成依合成过程而有差异。

高抗冲聚苯乙烯（HIPS）是多组分、多相高分子共混体系。在聚丁二烯存在下进行苯乙烯的聚合，在形成聚丁二烯-g-聚苯乙烯的同时，体系中有大量聚苯乙烯均聚物。由于聚苯乙烯和聚丁二烯两种分子链相容性差，体系发生微相分离，其中聚丁二烯橡胶相为分散相，如同孤岛一样被聚苯乙烯的连续相所包围。采用适当的合成条件，可使橡胶相均匀地分散在聚苯乙烯基质中，并可控制橡胶相的颗粒大小。这种分散的橡胶相起到增韧作用，当材料受冲击时，橡胶分散相吸收能量，并阻碍裂纹进一步扩张，从而避免了脆性聚苯乙烯的破坏，故称为高抗冲聚苯乙烯。

高抗冲聚苯乙烯是采用接枝聚合方法制备的。将聚丁二烯橡胶溶解在苯乙烯单体中，形成均相溶液。在聚合反应发生以后，苯乙烯进行均聚，与此同时在橡胶链双键的 α 位置上还进行接枝聚合反应。当单体的转化率达到 1%~2% 时，发生微相分离，可以观察到体系逐渐转变成浑浊状。此时，聚苯乙烯量少，是分散相。随着聚合的进行，苯乙烯转化率的不断增加，体系越来越浑浊，体系的黏度也越来越大，导致"爬杆"现象出现。当聚苯乙烯相的体积分数接近橡胶相的体积分数时，给予剧烈搅拌，在剪切力的作用下聚合体系发生相反转，即原来为分散相的聚苯乙烯转变成连续相，而原来为连续相的橡胶相转变成分散相。由于聚苯乙烯的苯乙烯溶液黏度小于相应橡胶的苯乙烯溶液黏度，因而在相转变同时，体系黏度下降，"爬杆"现象消失。相转变开始时，橡胶相颗粒大且不规整，存在聚集的倾向。在适当剪切力作用下，随着聚合反应的继续进行，体系黏度增加，橡胶颗粒逐渐变小，形态也越趋完善。

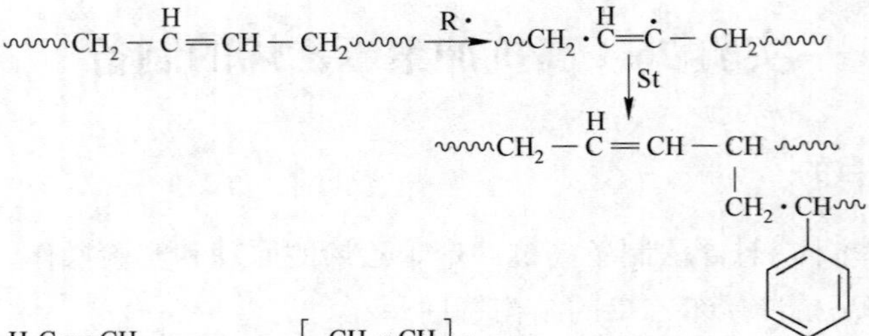

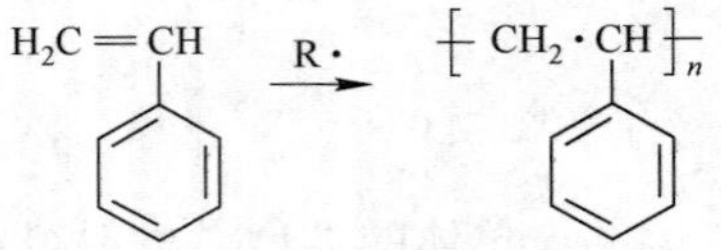

H
R·
H
$\sim\sim CH_2-C=CH-CH_2\sim\sim \rightarrow \sim\sim CH_2\cdot C=\dot{C}-CH_2\sim\sim$
St
H
$\sim\sim CH_2-C=CH-CH\sim\sim$
$CH_2\cdot CH\sim$

$H_2C=CH$
R·
$[CH_2\cdot CH]_n$

此时，苯乙烯的转化率达到20%~25%，聚合反应为本体聚合。为了散热方便，需将反应转变成悬浮聚合，直至苯乙烯全部聚合为止，故这种制备 HIPS 的方法称为本体–悬浮法。

三、主要药品与仪器

化学试剂：苯乙烯、顺丁橡胶、过氧化苯甲酰（BPO）、聚乙烯醇（PVA）、叔丁硫醇、硬脂酸。

仪器设备：机械搅拌器、250 mL 和 500 mL 三颈瓶、回流冷凝管、通氮装置。

四、实验步骤

1. 本体聚合

(1) 取 8 g 剪碎的顺丁橡胶和 85 g 苯乙烯加入装有机械搅拌器和回流冷凝管的三颈瓶中，开动搅拌器使橡胶充分溶胀。

(2) 调节水浴温度至 70 ℃，通氮气后继续缓慢搅拌使橡胶完全溶解，然后升温至 75 ℃，调节搅拌速度为 120 r/min，加入 90 mg BPO（溶于 2.5 mL 苯乙烯）和 50mg 叔丁硫醇，30 min 后，体系由透明变得浑浊；继续聚合，体系黏度逐渐增加，并出现“爬杆”现象。待该现象消失时，发生相转变，继续聚合至体系为白色细糊状。

2. 悬浮聚合

(1) 向装有机械搅拌器、冷凝管和通氮管的 500 mL 三颈瓶中加入 250 mL 蒸馏水、4 g PVA 和 1.6 g 硬脂酸，通氮气并强力搅拌，然后升温至 85 ℃，继续通氮气 10 min。

(2) 向上述预聚混合液中加入 0.3 g BPO（溶于 4.5 g 苯乙烯中），均匀混合后在搅拌条件下加入三颈瓶中，调节搅拌速率使预聚液分散成珠状。

（3）聚合 4~5 h，粒子开始沉降，然后在 95 ℃保持 1 h，100 ℃保持 2 h 进行升温热化。

（4）停止反应，冷却，产物用 60~70 ℃水洗涤三次，冷水洗涤两次，滤干。

五、分析与思考

（1）为什么在本体聚合阶段结束时反应体系呈白色？

（2）如何将接枝共聚物从聚苯乙烯均聚物中分离出来？

（3）为什么高抗冲聚苯乙烯具有良好的抗冲击性能？

实验 27　线形聚苯乙烯的磺化

一、实验目的

（1）了解线形聚苯乙烯的磺化反应历程。

（2）了解线形聚苯乙烯磺化反应的实施方法及磺化度的测定方法。

二、实验原理

磺化聚苯乙烯（sulphonated polystyrene，SPS）在 20 世纪 40 年代率先由印度学者 Asish Ranjan Mukherjee 和 Chitte Rahd 提出合成方法并成功合成，后经各国科学工作者不断研究发展，合成技术日臻完善。纯净的 SPS 是淡棕色薄片状硬固体，在水、甲醇、乙醇、丙醇中可全部溶解，但不溶解于苯、四氯化碳、氯仿和甲基乙基酮。浓度为 1% 以上的水溶液较黏并在溶液中表现出典型的聚电解质性质。SPS 一方面具有憎水的有机长链，同时又具有水溶性的磺酸基，能溶于水合低级醇，还能溶解各种水垢且不会沉淀，对金属有一定的腐蚀性，但腐蚀性较低。低磺化度的 SPS 还具有一定的乳化性能，可广泛用于工业水处理、油田化学及各类清洗剂产品等。

线形聚苯乙烯的侧基是苯基，其对位仍具有较高的反应活性，在亲电试剂的作用下可发生亲电取代反应，即首先由亲电试剂进攻苯基，生成活性中间体碳正离子，然后失去一个质子生成苯基磺酸。但线形聚苯乙烯高分子不同于小分子苯，由于受磺化剂扩散速率、局部浓度等物理因素和概率效应、邻近基团效应等化学因素的影响，磺化速率要低一些，磺化度也难以达到 100%。

线形磺化聚苯乙烯主要合成方法有两种，一种是以聚苯乙烯（PS）为原料，将其溶解于适当溶剂中，通过滴加发烟硫酸、SO_3、$ClSO_3H$ 等强磺化剂，在催化剂和一定温度下进行反应；另一种是将苯乙烯单体磺化后，由磺化苯乙烯聚合得到磺化聚苯乙烯。前一种方法以廉价易得的通用树脂 PS 为原料，产物分离过程简单。

本实验采用乙酰基磺酸（CH_3COOSO_3H）对线形聚苯乙烯进行磺化，与常用的磺化剂浓硫酸相比，乙酰基磺酸的反应性能比较温和，磺化所需温度比较低，而浓硫酸所需温度较高，易导致交联或降解等副反应。一般来说，线形聚苯乙烯的磺化反应由于磺酸基的引入使聚苯乙烯侧基更庞大，而且磺酸基之间有缔合作用，因此其玻璃化温度随磺化度的增加而提高。

三、主要药品与仪器

仪器设备：磨口四口烧瓶、滴液漏斗、温度计、冷凝管、磁力搅拌器、恒温加热装置、真空烘箱、分析天平、水泵、碱式滴定管、锥形瓶 1 个、布氏漏斗、研钵。

化学试剂：线形聚苯乙烯（自制）、二氯乙烷、乙酸酐、浓硫酸、苯–甲醇混合液、氢氧化钠–甲醇标准溶液、酚酞。

四、实验步骤

1. 磺化剂的制备

在 150 mL 烧杯中加入 39.5 mL 二氯乙烷，再加入 8.2 g（0.08 mol）乙酸酐，将溶液冷却到 10 ℃以下，在搅拌下逐步加入 95%的浓硫酸 4.9 g（0.05 mol），即可得到透明的乙酰基磺酸磺化剂。

2. 磺化

（1）连接实验装置，在 500 mL 四口烧瓶中加入 20 g 线形聚苯乙烯和 100 mL 二氯乙烷，加热使其溶解，将温度升至 65 ℃，缓慢滴加磺化剂，滴加速度控制在 0.5~1.0 mL/min，滴加完以后，在 65 ℃下搅拌反应 90~120 min，得浅棕色液体。

（2）将该反应液在搅拌下缓慢滴入盛有 700 mL 沸水的烧杯中，磺化聚苯乙烯以小颗粒形态析出，用热的去离子水反复洗涤至反应液呈中性。

（3）过滤，干燥，研细后在真空烘箱中干燥至恒重。

3. 滴定

称取 1~2 g 干燥的磺化聚苯乙烯样品溶于苯–甲醇（体积比 80 : 20）混合液中，配成约 5%的溶液。用约 0.1 mol/L 的 NaOH-CH$_3$OH 标准溶液滴定，酚酞为指示剂，直到溶液呈微红色。在滴定过程中不能有聚合物自溶液中析出，如出现此情况，应配制更稀的聚合物溶液滴定。

4. 磺化度计算

根据 NaOH-CH$_3$OH 标准溶液消耗体积计算磺化度。磺化度是指 100 个苯乙烯链节单元中所含的磺酸基个数。磺化度的计算公式如下：

$$磺化度 = \frac{Vc \times 0.001}{(m - Vc \times 81/1000)/104} \times 100\%$$

式中，V 为 NaOH-CH$_3$OH 标准溶液的体积；c 为 NaOH-CH$_3$OH 标准溶液的物质的量浓度；m 为磺化聚苯乙烯的质量；104 为聚苯乙烯链节分子量；81 为磺酸基化学式量。

五、分析与思考

（1）试由测得的磺化度分析聚合物发生化学反应的特点。

（2）采用哪些物理和化学方法可判定聚苯乙烯已被磺化，为什么？

实验 28　聚甲基丙烯酸甲酯的热降解

一、实验目的

（1）了解高分子降解的类型、机制和影响因素。

（2）学习用水蒸气蒸馏法纯化单体。

二、实验原理

高分子的降解是指在化学试剂（酸、碱、水和酶）或物理机械能（热、光、辐射和机械力）的作用下，高分子的化学键断裂而使聚合物分子量降低的现象，包括侧基的消除反应和高分子裂解。高分子的裂解可以分为三种类型，即主链随机断裂的无规降解、单体依次从高分子链上脱落的解聚反应和上述两种反应同时发生的情况。聚合物的热稳定性、裂解速度及单体的回收率和聚合物的化学结构密切相关，实验事实表明，含有季碳原子和取代基团受热不易发生化学变化的聚合物较易发生解聚反应，即单体的回收率很高，如聚甲基丙烯酸甲酯、聚 α-甲基苯乙烯和聚四氟乙烯。与之对应的聚乙烯进行无规热降解，聚苯乙烯的热裂解则存在解聚和无规裂解两种方式。利用天然高分子的裂解可从蛋白质中制取氨基酸，从淀粉和纤维素中制取葡萄糖。高分子降解反应应用于合成高分子，可从废旧塑料中回收某些单体或其他低分子化合物，如汽油等燃料。

聚甲基丙烯酸甲酯在热作用下发生解聚，其过程是按照自由基机理进行的。甲基丙烯酸甲酯聚合时发生歧化终止，产生末端含双键的聚合物，它在热的作用下形成大分子自由基，也有可能是高分子主链中某个 C—C 键发生断裂而产生自由基，然后依次从高分子链上脱去单体，如同聚合反应的逆反应。

除单体以外，有机玻璃解聚还会产生少量低聚体、甲基丙烯酸和少量作为添加剂加入成品中的低分子化合物。为在精馏前除去这些杂质，需要对有机玻璃裂解产物进行水蒸气蒸馏，否则杂质的存在会导致精馏温度过高，导致单体再次聚合。

三、主要药品与仪器

化学试剂：有机玻璃边角料、浓硫酸、饱和碳酸钠溶液、饱和氯化钠溶液、无水硫酸钠。

仪器设备：圆底烧瓶、三颈瓶、水蒸气蒸馏装置、分液漏斗、电热套、真空泵、阿贝折射仪。

四、实验步骤

1. 聚甲基丙烯酸甲酯的解聚

称取 30 g 有机玻璃边角料加入 250 mL 短颈圆底烧瓶中，以加热套加热，缓慢升温。240 ℃时有馏分出现，温度维持在 260 ℃左右进行解聚，馏出物经冷凝管冷却，接收到另一烧瓶中。必要时提高解聚温度使馏出物逐滴流出。解聚完毕约需 2.5 h，称量粗馏物，计算粗单体收率。

2. 单体的精制

将粗单体进行水蒸气蒸馏，收集馏出液直至其不含油珠为止。将馏出物用浓硫酸洗两次（用量为馏出物的 3%~5%），洗去粗产物中的不饱和烃类和醇类等杂质；然后用 25 mL 蒸馏水洗两次，除去大部分酸，再用 25 mL 饱和碳酸钠溶液洗两次进一步除去酸类杂质；最后用饱和氯化钠洗至单体呈中性，用无水硫酸钠干燥，以进行下一步精制。

将上述干燥后的单体进行减压蒸馏，收集 39~41 ℃/108 kPa 范围的馏分，计算收率，测定折光率，检验其纯度。

五、分析与思考

（1）裂解温度的高低及裂解速度对产品质量和收率有何影响？
（2）裂解粗馏物为什么首先采用水蒸气蒸馏？
（3）可以采用哪些方法研究聚合物的热降解？

实验 29　羧甲基纤维素的合成

一、实验目的

了解纤维素的化学改性、纤维素衍生物的种类及其应用。

二、实验原理

天然纤维素由于分子间和分子内存在很强的氢键作用，难以溶解和熔融，加工成形性能差，限制了纤维素的使用。天然纤维素经过化学改性后，引入的基团可以破坏这些氢键作用，使纤维素衍生物能够进行纺丝、成膜和成形等加工工艺，因此在高分子工业发展初期占据非常重要的地位。纤维素的衍生物按取代基的种类可分为醚化纤维素（纤维素的羟基与卤代烃或环氧化物等醚化试剂反应而形成醚键）和酯化纤维素（纤维素的羟基与羧酸或无机酸反应形成酯键）。羧甲基纤维素是一种醚化纤维素，它是经氯乙酸和纤维素在碱存在下进行反应而制备的。

由于氢键作用，纤维素的分子链有很强的结晶能力，难以与小分子化合物发生化学反应，直接反应往往得到取代不均一的产品。通常纤维素需在低温下用 NaOH 溶液进行处理破坏纤维素分子间和分子内的氢键，使之转变成反应活性较高的碱纤维素，即纤维素与碱、水形成的络合物。低温处理有利于纤维素与碱结合，并可抑制纤维素的水解，碱纤维素的组成将影响醚化反应和醚化产物的性能。纤维素的吸碱过程并不是单纯的物理吸附过程，葡萄糖单元的羟基能与碱形成醇盐。除碱液浓度和温度外，某些添加剂也会影响碱纤维素的形成，如低级脂肪醇的加入会增加纤维素的吸碱量。

醚化剂与碱纤维素的反应是多相反应，醚化反应取决于醚化剂在碱水溶液中的溶解和扩散渗透速度，同时还存在纤维素降解和醚化剂水解等副反应。碘代烷作为醚化剂，虽然反应活性高，但是扩散慢、溶解性能差；高级氯代烷也存在同样问题。硫酸二甲酯溶解性好，但是反应效率低，只能制备低取代的甲基纤维素。碱液浓度和碱纤维素的组成对醚化反应有很大影响，原则上碱纤维素的碱量不应超过活化纤维素羟基的必要量，尽可能降低纤维素的含水量也是必要的。醚化反应结束后用适量的酸中和未反应的碱以终止反应，经分离、精制和干燥后得到所需产品。

碱化反应式：

$$[C_6H_7O_2(OH)_3]_n + nNaOH \longrightarrow [C_6H_7O_2(OH)_2ONa]_n + nH_2O$$

醚化反应式：

$$[C_6H_7O_2(OH)_2ONa]_n + nClCH_2COONa \longrightarrow [C_6H_7O_2(OH)_2OCH_2COONa]_n + nNaCl$$

羧甲基纤维素（CMC）为无毒无味的白色絮状粉末，易溶于水，其水溶液为中性或碱性透明黏稠液体，可溶于其他水溶性胶及树脂，不溶于乙醇等有机溶剂。羧甲基纤维素是纤维素醚类中产量最大、用途最广、使用最为方便的产品，俗称为"工业味精"，可作为黏合剂、增稠剂、悬浮剂、乳化剂、分散剂、稳定剂、上浆剂等，应用于石油和天然气的钻探、纺织和印染工业，在造纸工业可作为纸面平滑剂和施胶剂，在医药和食品工业作为增稠剂和表面活性剂，在日化、建筑和陶瓷工业也获得广泛应用。

三、主要药品与仪器

化学试剂：95%异丙醇、甲醇、氯乙酸、氢氧化钠、微晶纤维素或纤维素粉、0.1 mol/L 标准 NaOH 溶液、0.1 mol/L 标准盐酸溶液、酚酞指示剂、$AgNO_3$ 溶液、pH 试纸。

仪器设备：机械搅拌器、三颈烧瓶、酸式滴定管、温度计、锥形瓶、通氮装置、研钵。

四、实验步骤

1. 纤维素的醚化

（1）将 60~120 g 95%异丙醇和 9.8 g 45%的 NaOH 水溶液加入装有机械搅拌器的三颈烧瓶中，通入氮气并开动搅拌器，缓慢加入 6 g 微晶纤维素，于 30 ℃剧烈搅拌 40 min，即可完成纤维素的碱化。

（2）将氯乙酸溶于异丙醇中，配制成 75%的溶液，向三颈烧瓶中加入 6.8 g 该溶液，充分混合后，升温至 75 ℃反应 40 min。冷却至室温，用 10%的稀盐酸调节 pH 值为 4，用甲醇反复洗涤除去无机盐和未反应的氯乙酸。

（3）干燥，粉碎，称重，计算取代度。

注：本实验要求羧甲基的纤维素取代度控制在 2~3。

2. 取代度的测定

（1）用 70%的甲醇溶液配制 1.0 mol/L 的 HCl/CH_3OH 溶液，取 0.5 g 醚化纤维素浸于 20 mL 上述溶液中，搅拌 3 h，使纤维素的羧甲基钠完全酸化。

（2）抽滤，用蒸馏水洗至溶液无氯离子，真空干燥后得到完全酸化的羧甲基纤维素。

（3）用过量的标准 NaOH 溶液溶解上述羧甲基纤维素，得到透明溶液，以酚酞作指示剂，用标准盐酸溶液滴定至终点，计算取代度，并与重量法进行比较。

$$取代度 = 0.162A/(1 - 0.058A)$$

式中，A 为每克羧甲基纤维素消耗的 NaOH 的物质的量，mmol。

五、分析与思考

（1）纤维素中葡萄糖单元有三个羟基，哪一个最容易与碱形成醇盐？碱浓度过大对纤维素醚化反应有何影响？

（2）二级和三级氯代烃为什么不能作为纤维素的醚化剂？

（3）取代度计算公式是如何得到的？

实验30　紫外线（UV）光固化涂料的配制及固化

一、实验目的

（1）掌握 UV 光固化涂料的配制和固化原理。

（2）了解不同原料配比 UV 光固化涂料性能的影响。

二、实验原理

光敏涂料是光聚合反应的具体应用之一，即在光（一般为紫外光）作用下引发聚合或交联反应，从而达到固化目的。光敏涂料与传统的自然干燥或热固化涂料相比，具有以下优点：

（1）固化速度快，可在数十秒时间内固化，适于要求立刻固化的场合；

（2）不需加热，耗能少，这一特点尤其适于不宜高温加热的材料；

（3）固化过程不像一般涂料那样伴随大量溶剂的挥发，降低了环境污染，减少了材料消耗，使用也更安全；

（4）可自动化涂装，提高了生产效率。

光敏涂料不仅可以替代常规涂料用于木材和金属表面的保护和装饰，而且在光学器件、液晶显示器和电子器件的封装、光纤外涂层等应用领域得到日益广泛的应用。

紫外线光固化涂料体系主要是由预聚物、光引发剂或光敏剂、活性稀释剂及其他添加剂（如着色剂、流平剂及增塑剂等）构成。

预聚物是紫外线光固化涂料中最重要的成分，涂层的最终性能如硬度、柔韧性、耐久性和黏性等，在很大程度上与预聚物有关。作为光敏涂料预聚物应该具有能进一步发生光聚合或光交联反应的能力，因此必须带有可聚合的基团。为了取得合适的黏度，预聚物通常为分子量较小（1000～5000）的低聚物。预聚物的主要品种有环氧丙烯酸树脂、不饱和聚酯、聚氨酯等，其中国内使用最多的是环氧丙烯酸树脂，它由环氧树脂与两分子的丙烯酸反应而得。

光引发剂或光敏剂都是在光聚合中起到促进引发聚合的化合物，但两者的作用机理不同。前者在光照下分解成自由基或阳离子，引发聚合反应；后者受光首先激发，进而再以适当的频率将吸收的能量传给单体，产生自由基引发聚合。

活性稀释剂实际上是可聚合的单体，使用最多的是单官能团或多官能团的（甲基）丙烯酸酯类单体。在光固化前起溶剂作用，调节黏度便于施工（涂布），在聚合过程中起交联作用，固化后与预聚物一起成为漆膜的组成部分，对漆膜的硬度与柔顺性等也有很大影响。

光固化反应会受到空气中氧的抑制，又称氧的阻聚，特别是表层中氧的浓度最高，氧的抑制作用常导致下层已固化，表层仍未固化而发黏。为克服氧的阻聚，可以在体系中添加氧清除剂，有机胺便是其中的一种。其作用机理是有机胺可提供活泼氢，终止氧自由基。

本实验配制的光敏涂料的组成如下：环氧丙烯酸树脂为预聚物，甲基丙烯酸-β-羟乙酯（HEMA）和三羟甲基丙烷三丙烯酸酯（TMPTA）为活性稀释剂，α-羟基异丙基苯基酮（Darocur 1173）为光引发剂，三乙醇胺为氧清除剂。由于配方没有颜料，固化后的漆膜是无色透明的，所得的光敏涂料又称 UV（光固化）光油，可作罩光清漆使用。

三、主要药品与仪器

仪器设备：玻璃板（陶瓷、木器、马口铁等非柔性底材）、1200 W 中压汞灯（即国产高压汞灯）。

化学试剂：环氧丙烯酸树脂、甲基丙烯酸-β-羟乙酯（HEMA）、三羟甲基丙烷三丙烯酸酯（TMPTA）、Darocur 1173、三乙醇胺。

四、实验步骤

1. 光油的配制与固化

在 50 mL 烧杯中加入 10 g 环氧丙烯酸树脂、2.8 g 甲基丙烯酸-β-羟乙酯、6 g 三羟甲基丙烷三丙烯酸酯、0.4 g Darocur 1173、0.8 g 三乙醇胺并搅拌均匀，用玻璃棒刮涂于玻璃板底材上，在高压汞灯下辐照固化，辐照平台中心最大照度不小于 20 mW/cm^2，辐照时间 7 s。

2. 固化涂层检测

（1）表干检测。表干检测采用指压法即可测试，指压后看是否留有明显指纹印。如有，说明表面固化不彻底，可能受氧阻聚干扰，或查找其他原因。

（2）附着力。附着力采用国标画圈法鉴定。

（3）硬度。硬度用铅笔法测定。

（4）光泽度。光泽度采用涂层光泽度计以 60°角测定。

（5）耐溶剂性能。耐溶剂性能用棉球蘸取丁酮（全部浸湿），手指捏棉球在涂层上来回擦拭，记录涂层被擦穿见底时的单向擦拭次数。

五、分析与思考

光引发剂和光敏剂的作用机理是什么？

参 考 文 献

[1] 潘祖仁. 高分子化学 [M]. 北京：化学工业出版社，2011.

[2] 卢江，梁晖. 高分子化学 [M]. 北京：化学工业出版社，2005.

[3] 张雪荣，杜会茹. 药物分离与纯化技术 [M]. 北京：化学工业出版社，2022.

[4] D. 布劳恩，H. 切尔德龙，W. 克恩. 聚合物合成和表征技术 [M]. 黄葆同，等译校. 北京：科学出版社，1981.

[5] D. D. 佩林，W. L. F. 阿马里戈，D. R. 佩林. 实验室化学药品的提纯方法 [M]. 2版. 时雨，译. 北京：化学工业出版社，1987.

[6] 黄锐. 合成树脂加工工艺 [M]. 北京：化学工业出版社，2014.

[7] 樊新民，车剑飞. 工程塑料及其应用 [M]. 北京：机械工业出版社，2016.

[8] 桑永. 塑料材料与配方 [M]. 北京：化学工业出版社，2022.

[9] 徐应林，王加龙. 高分子材料基本加工工艺 [M]. 北京：化学工业出版社，2022.

[10] 武冠英，吴一弦. 控制阳离子聚合及其应用 [M]. 北京：化学工业出版社，2005.

[11] 王凯民，马钰璐. 离子型配位聚合物的合成及其性质研究 [M]. 云南：云南大学出版社，2023.

[12] 赵彩霞，张洪文. 聚合物反应原理 [M]. 北京：科学出版社，2023.